중화학공업기술교재 7

압축기·스팀 터빈

|산업훈련기술교재편찬회 편|

도서출판 세화

머리말

경제 개발 5개년 계획과 중화학 공업 육성으로 우리나라의 화학 공업은 급속도로 발달하여 세계 속에 중화학 공업국으로 발돋움하고 있는 이때에 우수한 기능공이 절실히 요구되고 있음은 물론, 보다 안전하고 능률적인 조업이 시급한 실정임을 간파하여 이 교재를 편찬하게 되었다.

이 교재는 세계에서 유명한 GULF사가 사내 조업 기술 훈련 교재로 개발한 화학 공장 조업을 위한 교재이다.

이 교재는 현재 우리나라에서도 유수한 화학 공장에서 사용하여 좋은 성과를 거둔바 있는 일명 PILOT 교재란 이름이 붙은 우수한 교재이다. 이 교재의 특성은 주입식, 문답식, 도설로 되어 있으므로 누구나 쉽게 숙련할 수 있게 편집되었다.

이 교재 출간으로 중화학 공업 발전에 기여할 수 있는 계기가 되기를 바라는 마음 간절하며 교재 편찬에 수고해 주신 여러분께 심심한 감사를 드리는 바이다.

차례

제1편 압축기(Compressor)

01장_기체의 동작(The Behavior of Gases) … 3

1. 기체의 측정 …………………………………………………4
2. 기체의 법칙 …………………………………………………18
3. 복습 및 요약 ………………………………………………26

02장_압축의 성질(The Nature of Compression) … 33

1. 압축의 성질 …………………………………………………34
2. 압축비 ………………………………………………………35
3. 압축열 ………………………………………………………37
4. 용량 및 유속 ………………………………………………44
5. 복습 및 요약 ………………………………………………50

03장_강제 변위 압축기의 원리
(Principles of Positive Displacement Compressor) … 53

1. 왕복 압축기 …………………………………………………56
2. 회전 압축기 및 송풍기 ……………………………………63
3. 압축기 도출량의 조절 ……………………………………75
4. 복습 및 요약 ………………………………………………105

04장_왕복 압축기의 구조 (Construction of Reciprocating Compressor) ··· 109

1. 압축기의 장치 ···112
2. 세부 구조 ···114

05장_조업(Operation) ··· 163

1. 시동 및 조업 중지 ···164
2. 정상 조업 ···174

제2편 스팀 터빈(Steam Turbine)

01장_원리(Principles) ··· 181

1. 원리 ··182
2. 조속기 ··198
3. 복습 및 요약 ···214

02장_부품 및 장비(Parts and Equipment) ··· 217

1. 부품 및 장비 ··218
2. 복습 및 요약 ···243

03장_조업(Operation) ··· 247

1. 조업 ··248
2. 복습 및 요약 ···273

PART 01

압축기
(Compressor)

제1장 기체의 동작
　　(The Behavior of Gases)
제2장 압축의 성질
　　(The Nature of Compression)
제3장 강제 변위 압축기의 원리
　　(Principles of positive
　　Displacement Compressor)
제4장 왕복 압축기의 구조(Construction
　　of Reciprocating Compressor)
제5장 조업(Operation)

CHAPTER 01

기체의 동작
(The Behavior of Gases)

석유 공업에서는 실수요자들에게 기체를 수송해 주거나, 또는 정유공장에서 여러 가지 목적을 달성하기 위하여 기체를 압축해 준다. 이 교본에서는 이러한 기에 압축기에 관한 구조 및 조업 등을 다루었다.

제1편에서는 기체의 동작에 관한 기본 법칙과 기체를 측정할 때 쓰이는 단위(Unit) 등을 배우게 되며, 또한 압축비(Compression ratio), 압축에 관한 열의 영향, 그리고 압축기의 필요 마력수에 영향을 주는 요인 등을 포괄하여 압축에 관한 성질에 대하여 습득하게 된다.

제4장에서는 왕복 압축기(Reciprocating compressor) 및 여러 가지 형식의 회전 압축기(Rotary compressor)에 관한 구조, 주요 부품 및 조업 등에 대하여 배우게 된다. 주요한 형식의 압축기에 대하여 알고 있고, 이들을 조업해 주는 방법 및 조절해 주는 방법을 대강 알고 있으면, 조업원은 모든 형식의 압축기를 더욱 안전하고 또 효율적으로 다룰 수 있게 된다.

1. 기체의 측정(Gas Measurement)

(1) 압력(Pressure)

001 모든 기체는 분자(Molecule)라고 부르는 미소한 입자로 되어 있다. 이들 기체 분자는

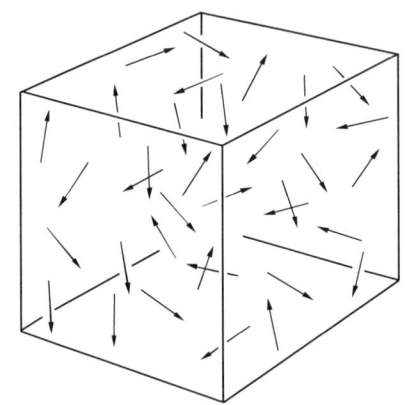

(한/모든) 방향으로 빨리 움직이고 있다.

002 기체 분자는 움직일 때에 그들과 닿아 있는 모든 물질에 대하여 힘(Force)을 미친다.
이때의 힘을 압력이라고 부른다.
기체의 압력은 기체 _____의 운동에 의해 생긴다.

003 분자는 모든 방향으로 움직이므로 기체의 압력은 (한/모든) 방향으로 미친다.

답 1. 모든 2. 분자 3. 모든

4 압력은 단위 면적에 대하여 미치는 힘의 크기이다.

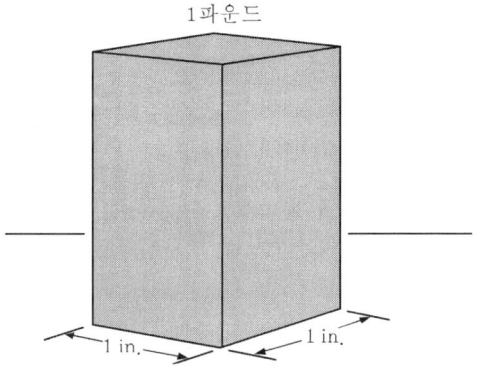

1inch² 인치의 면적 위에 놓여 있는 1파운드의 무게는 1inch² 인치의 면적을 1 _____의 힘으로 누르고 있다.

5 압력은 보통 평방 inch²당 파운드 수(PSI)로 측정해 준다. 1inch²에 대하여 1파운드의 힘을 미치고 있는 기체는 1_____ 에 대하여 1파운드의 압력을 가지고 있다.

6 기체의 압력이 1PSI일 때, 3inch²의 표면에 작용하는 기체는 합계하여 _____파운드의 힘을 미치고 있다.

7 PSI로 나타낸 압력은 용기 내에서의 기체의 전 압력을 올바르게 나타낸 (것이다/것이 아니다).

8 압축 기체의 전체의 힘은 PSI에 그 압력이 미치고 있는 _____의 면적을 곱해 준 것이다.

답   **4.** 파운드   **5.** inch²   **6.** 3   **7.** 것이 아니다   **8.** inch²

009 우리나라에서는 압력을 측정하는 데 PSI를 사용하는 것이 보통이지만, 압력은 다른 단위로 나타낸 힘과 다른 단위로 나타낸 면적을 사용하여 측정해 줄 수 있다.

여러 나라에서 측정 단위로서 센티 미터, 그램 및 초를 사용하는 미터법(Metric system)을 채택하고 있다.

CGS단위라는 것은 측정에 관한 _____법을 말한다.

010 다음에서 압력 측정에 사용할 수 있는 단위에 O표를 하여라.
① kilograms per square centimeter(kg/cm^2)
② barrels per hour(BbL./hr.)
③ gallons per minute(GPM)
④ grams per square centimeter(g/cm^2)
⑤ pounds per square inch(PSI)

011 우리를 둘러싸고 있는 공기, 즉 대기는 기체의 혼합물이다. 대기의 압력은 우리의

주위에 있는 _____가 미치는 압력이다.

012 대기의 정상까지 달하는 공기의 무게는 해면 고도에서 $1inch^2$당 약 14.7파운드를 나타낸다.

따라서 해면 고도에서 대기의 압력은 약 _____PSI이다.

답   9. 미터   10. ①O ④O ⑤O   11. 대기 또는 공기   12. 14.7

13 해면보다 높은 고도에서는 위에 있는 공기의 양이 감소하므로, 대기의 inch^{2}당 더 (많은/적은) 무게를 미치게 된다.

14 대기의 압력은 고도가 해면보다 높아감에 따라 (증가/감소)한다.

15 대기의 압력은 보통 기압계(Barometer)로 측정해 준다.

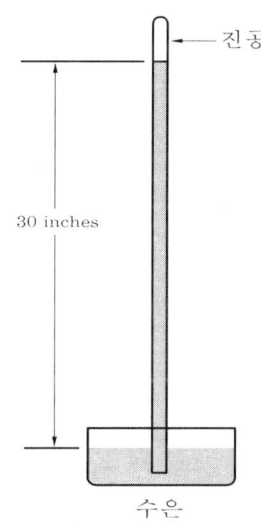

기압계는 대기의 압력이 _____ 액주를 얼마나 높이 상승시키는가를 나타냄으로써 압력을 측정해 준다.

16 해면 고도에서는 대기의 압력은 기압계의 수은주를 약 _____inch 상승시킨다.

17 따라서 수은주 30inch의 압력은 _____PSI의 압력과 거의 같다.

18 수은에 대한 화학 기호는 Hg이다.
간단히 표시한 inHg는 ____①____ of ____②____ 의 약어이다.

답   **13.** 적은   **14.** 감소   **15.** 수은   **16.** 30   **17.** 14.7   **18.** ① inches ② mercury

019 기압계에서 30inHg는 해면 고도에서의 _____의 평균 압력이 된다.

020 대부분의 기압 계기는 대기압보다 높거나 또는 낮은 압력을 나타내며, 이때의 압력을 계기 압력(Gage pressure)이라고 한다. 만일 타이어용 압력 계기를 대기에서 시험해 보면 (0/14.7)PSIG를 나타낸다.

021 PSIG는 Punds per Square Inch _____의 약어이다.

022 대부분의 계기는 다만 _____의 압력보다 크거나 작은 압력만을 가리켜 준다.

023 대기압보다 작은 압력은 진공계(Vacuum gage) 또는 수은 압력계를 사용하여 측정해 준다.
진공계의 눈금은 0부터 14.7PSI 진공, 또는 0부터 _____inHg 진공으로 되어 있거나 또는 이 양쪽이 함께 표시되어 있다.

024 압력계 및 진공계에서 0은 정상적인 대기의 압력을 가리킨다. 14.7PSI 진공 및 30inHg 진공은 완전 _____을 가리킨다.

025 실제로 완전 진공을 얻는 것은 불가능하다.
공정에서 얻는 진공도는 언제나 (완전/완전보다 작은) 진공이다.

026 0PSIG보다 낮은 압력은 모두 부분 _____이다.

---

19. 대기 20. 0 21. Gage 22. 대기 23. 30 24. 진공 25. 완전보다 작은
26. 진공

27 완전 진공에서는 진공-압력(복합) 계기의 측정값은 14.7PSI 진공을 나타낸다. 계기는 대기의 압력보다 14.7PSI만큼 (많은/적은) 압력을 가리키게 된다.

28 지금 압축 공기 실린더 위의 계기가 10PSIG를 가리키고 있다고 가정한다. 이 계기는 대기의 압력보다 10PSI만큼 (많은/적은) 압력을 가리키고 있다.

29 절대압력은 계기압력과 대기압력을 합한 것이다.
해면 고도에서는 절대압력은 계기압력에 _____PSI를 더해 준 것이 된다.

30 지금 해면 고도에서 압력계의 측정값이 100PSIG라고 한다. 이때에 절대압력은 100PSI에 ___①___PSI를 합한 값, 즉 ___②___PSIA이다.

31 PSIA는 Pounds per Square Inch _____의 약어이다.

32 해면 고도에서는 다음과 같다.
0PSIG는 ___①___PSIA이다.
20PSIG는 ___②___PSIA이다.
PSIA는 PSIG에 14.7을 (③ 가산/감산)한 것이고, 또 PSIG는 PSIA에 14.7을 (④ 가산/감산)한 것이다.

33 대기의 압력은 지구 표면상의 상이한 지점에서는 고도에 따라 각각 상이하다. 산악 지대에서 대기의 압력이 13.9PSIA일 때에, 계기의 측정값 10PSIG는 10PSI에 (① 14.7/13.9)PSI를 합해 준 절대압력, 즉 ___②___PSIA를 나타낸다.

답 **27.** 적은 **28.** 많은 **29.** 14.7 **30.** ① 14.7 ② 114.7 **31.** Absolute
32. ① 14.7 ② 34.7 ③ 가산 ④ 감산 **33.** ① 13.9 ② 23.9

034 PSIG를 PSIA로 바꾸려면 계기의 측정값에 (해면 고도에서의/측정 지점에서의) 대기 압력을 합해 주어야 한다.

035 때로 압력은 PSIA 대신에 기압(Atmosphere) 단위로 나타낸다. 14.7PSIA의 압력을 1_____으로 정한다.

036 147PSIA의 압력은 _____기압이다.

037 5기압은 _____PSIA이다.

(2) 온도(Temperature)

038 온도는 분자의 열운동에 의하여 생긴다.
분자는 (60°F/100°F)에서 더욱 빨리 움직인다.

039 온도는 보통 화씨온도 눈금, 약하여 _____로 측정해 준다.

040 온도 눈금에 있어서 절대 영도는 전혀 열이 없다는 것을 가리킨다. 절대 영도에서 분자는 (움직이다/움직이지 않는다).

041 분자는 0°F에서 움직이고 있다.
0°F는 절대 영도(이다/가 아니다).

답 **34.** 측정 지점에서의 **35.** 기압 **36.** 10 **37.** 73.5 또는 14.7×5 **38.** 100°F
    39. °F **40.** 움직이지 않는다 **41.** 가 아니다

제1장 | 기체의 동작(The Behavior of Gases) 11

42번부터 53번 까지는 그림 1을 참조할 것

42 그림 1은 두 가지의 온도 눈금을 나타낸다.
오른쪽의 눈금은 ____①____ 도, 약하여 ____②____ 또는 때로 °abs.로 나타낸 절대 온도이다.

43 랭킨(Rankine)온도 눈금과 화씨(Fahrenheit)온도 눈금을 비교하여라.
랭킨온도 눈금(또는 °abs.)의 0°는 _____°F이다.

44 절대 영도는 -460°F이다.
이것은 _____°R이다.

45 (화씨/랭킨)온도 눈금은 절대온도의 눈금이다.

46 절대 영도는 _____도로 0°이다.

47 물의 비등점(Boiling point)을 보아라.
물은 212°F에서 끓는다.
물은 _____°R에서 끓는다.

답 42. ① 랭킨 ② °R **43.** -460 **44.** 0 **45.** 랭킨 **46.** 랭킨 또는 R 또는 abs.
47. 672

048 그림 1은 °F로부터 °R(°abs.)로 또는 °R로부터 _____ 로 온도를 바꿀 때에 이용된다.

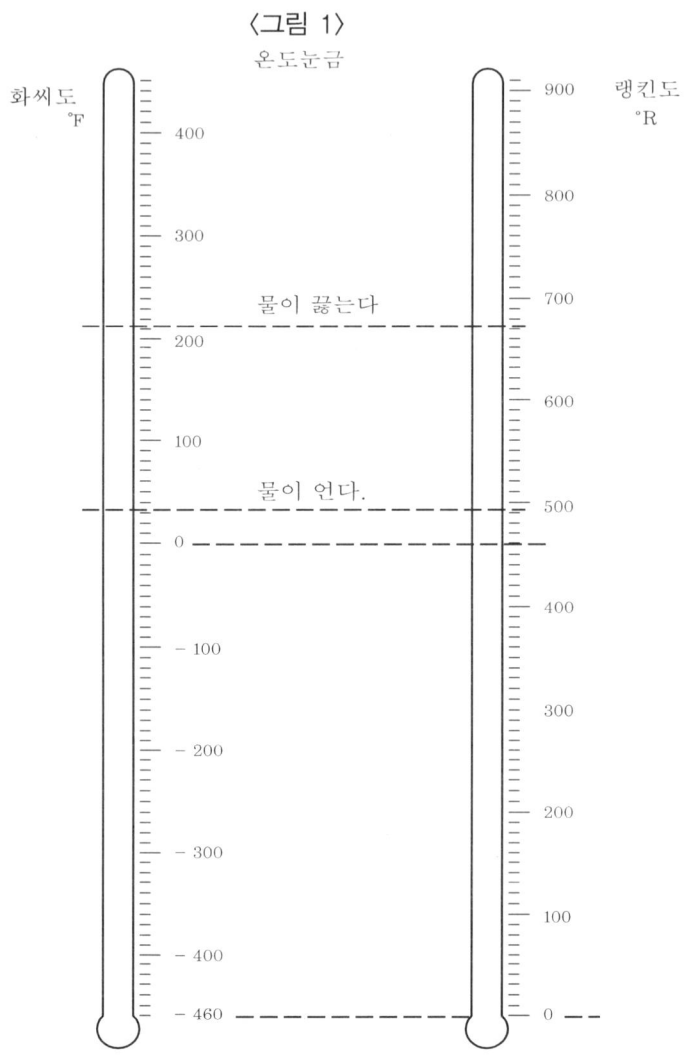

〈그림 1〉
온도눈금

049 랭킨도와 화씨도의 양쪽은 동일한 온도량의 증가를 측정해 준다. 그러나 랭킨도로 나타낸 온도는 화씨도로 나타낸 온도보다도 항상 460°만큼 (높다/낮다).

🗐 **48.** °F **49.** 높다

50 °F와 °R(°abs.) 사이의 온도 환산은 가산 및 감산으로 할 수 있다.
°F와 °R(°abs.)로 환산하려면 화씨온도 측정값에 _____를 더하면 된다.

51 °R(°abs.)를 °F로 환산하려면 460°를 랭킨온도(에 더해 준다/로부터 빼준다).

52 지금 천연 가스 수송관의 온도가 93°F라고 한다.
이것은 °R 온도로는 다음과 같다.

_____°R

53 920°R의 온도를 °F로 나타내면 다음과 같다.

_____°F

(3) 용적(Volume)

54 한 물체의 용적이란 이 물체가 차지하고 있는 공간을 말한다.

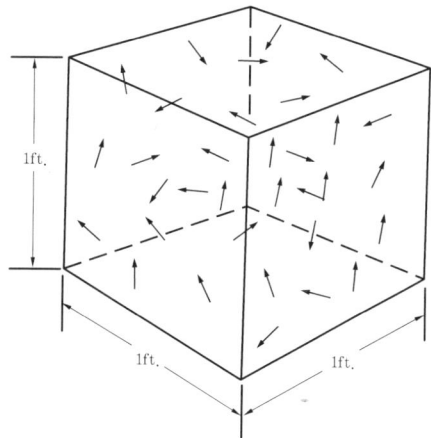

그림에서 정육면체의 용적은 1_____이다.

답 **50.** 460° **51.** 로부터 빼준다 **52.** 553 **53.** 460 **54.** ft³

055 이 정육면체 기체로 채워져 있다.
기체는 정육면체 속의 모든 _____을 차지한다.

056 따라서 용기 내의 기체의 용적은 1_____가 된다.

057 기체는 언제나 그것이 이용할 수 있는 모든 공간을 차지한다. 어떤 용기 내에 들어 있는 기체의 실제의 용적은 항상 용기의 내부 _____과 동일하다.

058 아래의 두 개의 실린더 속에는 각각 60°F 온도하에서 $10ft^3$(CF)의 동일한 기체가 들어 있다.

50PSIG   200PSIG
   A   B

압력은 실린더 (A/B) 쪽이 더욱 크다.

059 실제로 실린더 (A/B) 속에는 더욱 많은 중량의 기체가 들어 있다.

답 55. 용적 또는 공간 56. ft^3 57. 용적 또는 공간 58. B 59. B

60 실린더 내에 얼마만큼 기체가 들어 있는가를 산출할 때에 알아야 할 요인의 하나는, 측정되고 있는 기체의 _____이다.

61 기체의 용적은 또한 기체의 온도에 따라 영향을 받는다.
열린 용기 속에서 기체는 가열해 주면 (팽창/수축)하게 된다.

62 지금 기체의 용적이 대기압 및 60°F 온도하에서 10CF라고 한다. 또 다른/기체의 용적은 대기압 및 100°F 온도하에서 10CF라고 한다. 기체의 압력은 (60°F/100°F) 온도하에 있는 용기 속에서 더욱 많이 나타난다.

63 따라서 실제로는 (60°F/100°F)의 용기 속에 더욱 다수의 기체 분자가 있게 된다.

64 기체를 정확하게 측정해 주려면 기체의 압력 및 _____ 를 함께 알 필요가 있다.

65 석유 공업 및 천연 가스 공업에서는 기체의 용적을 측정할 때의 표준 조건으로서 14.7PSIA와 60°F를 쓰고 있다.
SCF는 _____ Cubic Feet의 약어이다.

66 SCF는 기체를 표준 압력인 ___①___ PSIA와 표준 온도인 ___②___ °F에서 측정한다고 가정하였을 때에 차지하게 되는 용적이다.

67 대기압하에 있어서 $1ft^3$의 기체는, 그 온도가 60°F보다 (① 높을/낮을) 때는 1SCF보다도 적으며, 또 60°F보다 (② 높을/낮을) 때는 1SCF보다도 많다.

답 **60.** 압력 **61.** 팽창 **62.** 100°F **63.** 60°F **64.** 온도 **65.** Standard
66. ① 14.7 ② 60 **67.** ① 높을 ② 낮을

068 기체를 표준 조건하에서 측정한다는 것은 거의 불가능한다. 기체는 어떤 조건일지라도 실제로 있는 그때그때의 _____ 및 압력 조건하에서 측정하여야 한다.

069 기체는 실제의 조건하에서 계측되지만, 기체의 용적은 매매 및 공학 등에서는 _____ 단위로 계산하게 되어 있다.

070 아래에서 표준 상태로 환산해 줄 수 있는 용적 측정값은?
A. 10CF(압력 및 온도가 명시되어 있지 않음)
B. 10CF(80°F : 100PSIG)

071 기체를 측정하여 표준 용적으로 환산해 주려면, 기체 측정시의 기체의 ___①___ 및 ___②___ 를 명시해 줄 필요가 있다.

072 기호 M은 로마 숫자로 1천을 뜻한다.
1MCF의 기체는 1_____CF의 기체를 뜻한다.

073 Thousand Cubic Feet의 약어는 _____이다.

074 기체의 용적은 흔히 MCF로 측정해 준다.
기체의 50MCF는 (50/50,000)ft^{3}를 뜻한다.

075 50SMCF는 _____ 상태의 온도 및 압력하에서 측정했을 때의 50MCF를 뜻한다.

답 **68.** 온도 **69.** SCF(Standard Cubic Feet) **70.** B **71.** ① 압력 ② 온도 **72.** 천
73. MCF **74.** 50,000 **75.** 표준

076 백만(Million)은 1천의 1천 배이다.
1MM은 1_____에 대한 약어이다.

077 기체의 5MMCF는 5___①___ft³, 즉 (② 5/5,000/5,000,000)ft³이다.

078 측정 및 계산의 편리를 위해서 기체의 용적은 MCF 또는 MMCF로 측정된다.
MCF는 _____ Cubic Feet의 약어이다.

079 MMCF는 _____ Cubic Feet의 약어이다.

080 때로 MM은 M²이라고 쓴다.
50M²CF는 기체의 _____ft³를 뜻한다.

081 다음은 기체의 용적을 측정할 때에 쓰이는 몇 가지의 약어를 나타낸다.
① CF는 _____이다.
② SCF는 _____이다.
③ M은 _____이다.
④ MM은 _____이다.
⑤ M²은 _____이다.
⑥ 10SMMCF는 10_____이다.

082 기체의 용적을 측정할 때에 표준 상태는 다음과 같다.
압력은 ___①___PSIA이다.
온도는 ___②___°F, 즉 ___③___°R이다.

답 **76.** 백만 **77.** ① 백만 ② 5,000,000 **78.** Thousand **79.** Million **80.** 50million 또는 50,000,000 **81.** ① Cubic Feet ② Standard Cubic Feet ③ thousand ④ million ⑤ million ⑥ million standard cubic feet **82.** ① 14.7 ② 60 ③ 520

2. 기체의 법칙(The Gas Laws)

083 우리는 기체의 압력이 기체 분자의 운동에 의하여 생긴다는 것을 배웠다.
분자가 닫혀 있는 용기의 벽을 때릴 때에, 분자는 용기의 벽에 _____을 미치게 된다.

084 분자의 운동이 빠르면 빠를수록 그 압력은 (커진다/작아진다).

085 열은 분자의 운동을 일으킨다.
분자는 그 _____를 증가시켜 줌으로써 더욱 빨리 움직이게 할 수 있다.

086 압력이란 단위 면적에 작용하는 힘(Force)을 말한다.
일정한 면적을 때리는 분자의 수가 증가하면 기체의 압력은 _____하게 된다.

087 이 사실은 필연적으로 모든 기체에 대하여 성립된다.
이 사실은 어떤 용적의 기체가 ___①___ 또는 ___②___가 변화할 때에 동작하게 되는 이유를 설명해 준다.

> 기체의 동작에 관한 일반 법칙에서 말하는 압력, 온도 및 용적 관계는 이상 기체 또는 완전 기체에 대하여 성립된다. 조건에 따라서 기체의 동작이 약간 벗어나는 수도 있다. 이 교본에서는 편차 요인을 고려에 넣지 않기로 하였다.

088 기체의 압력, 용적 및 온도 사이의 관계는 기체의 법칙으로서 알려져 있다.
이 PVT 관계는 기체의 동작에 관한 일반 _____으로서 알려져 있다.

답 83. 압력 84. 커진다 85. 온도 86. 증가 87. ① 압력 ② 온도 88. 법칙

089 기체의 법칙을 적용할 때는 압력 및 온도를 절대 단위(Absolute unit)로 나타내어야 한다. 압력은 (PSIG/PSIA)로 나타내어야 한다.

090 화씨도로 측정한 온도는 _____로 환산해 주어야 한다.

091 PSIG를 PSIA로 환산하려면 계기 측정값에 _____PSI를 가산해 준다.

092 °F를 °R(°abs.)로 환산하려면 화씨 온도 측정값에 _____도를 가산해 준다.

(1) 압력과 용적–보일의 법칙
(Pressure and volume–Boyle's Law)

093 아래의 실린더 속에는 기체의 분자가 들어 있다.

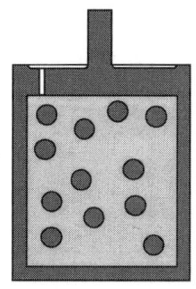 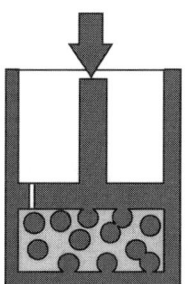

피스톤을 아래로 밀어내리면, 기체는 억지로 작은 _____을 차지하게 된다.

094 이때에 기체는 그것이 닿아 있는 inch^{2}당 더 (① 많은/적은) 힘을 미치게 되면, 따라서 기체의 압력은 (② 증가/감소) 하게 된다.

---

89. PSIA **90.** °R 또는 °abs **91.** 14.7 **92.** 460 **093.** 용적 또는 공간
94. ① 많은 ② 증가

095 다시 말하여, 기체를 억지로 작은 용적에 차지하게 해 주면 그 기체의 _____은 증가하게 된다.

096 기체가 자유롭게 팽창할 수 있다고 가정하자.
분자의 에너지는 더 (넓은/좁은) 면적에 대하여 미치게 된다.

097 기체가 큰 용적으로 팽창됨에 따라 그 기체의 압력은 (증가/감소)하게 된다.

098 기체가 차지할 수 있는 용적이 커지게 되면 그 기체의 _____은 감소하게 된다.

099 일정 용적의 기체를 억지로 작은 용적을 차지하게 해 주면, 그 기체의 압력은 _____하게 된다.

100 지금 14.7PIA 압력하에 있는 10CF의 기체를 5CF로 압축하였다고 가정하자. 기체의 나중에 있어서의 용적은 처음 용적의 꼭 _____로 된다.

101 만일 온도를 일정하게 유지해 주면, 기체의 나중 압력은 29.4PSIA, 즉 14.7PSIG로 된다.
온도를 일정하게 유지해 주고 기체의 용적을 반으로 해 주면, 그 기체의 절대압력은 (반으로/2배로) 된다.

102 온도가 일정할 때 기체의 절대압력은 기체의 _____에 반비례한다는 것이 보일의 법칙(Boyle's law)이다.

답 95. 압력 96. 넓은 97. 감소 98. 압력 99. 증가 100. 반 또는 1/2 101. 2배로
102. 용적

103 온도가 일정할 때는, 압력-용적 사이의 변화는 한쪽의 압력 또는 용적의 다른 쪽의 압력 또는 용적에 대한 비를 이용하여 계산할 수 있다.
어떤 수에 1 또는 1/1보다 (큰/작은) 수를 곱해 주면, 그 수는 커진다.

104 지금 90CF의 기체를 30CF로 압축시켰는데 그 온도는 일정하다고 가정하자.
수 ($\frac{90}{30}$ / $\frac{30}{90}$)은 1보다 크다.

105 기체의 처음 압력이 21PSIA라고 하면, 나중의 압력은 (7PSIA/63PSIA)로 된다.

106 나중에 있어서의 압력은 처음과 나중의 _____비를 이용하여 계산할 수 있다.

107 온도가 일정할 때 용적과 압력은 반비례의 관계에 (있다/아니다).
　　　　PV=P'V', P=압력(Pressure), V=용적(Volume)
용적 감소로 인한 압력 변화를 계산할 때에는 1보다 큰 수를 곱해 주게 된다.

108 대기압하에 있는 15MCF의 기체를 온도의 변화 없이 10MCF로 압축하였다고 생각하자.
10MCF에서의 압력을 얻기 위해서는 비 ($\frac{10}{15}$ / $\frac{15}{10}$)를 곱해 준다.

109 이 기체의 나중의 압축은 15/10에 ___①___ PSIA를 곱해 준 값이 된다. 즉 다음과 같다. ___②___ PSIA

답　**103.** 큰　**104.** 90/30　**105.** 63PSIA　**106.** 용적　**107.** 있다　**108.** 15/10
109. ① 14.7　② 22.05

110 기체를 큰 용적으로 팽창시켜 주면, 그 압력은 _____한다.

111 기체의 용적 증가로 인한 기체의 압력 변화를 계산할 때는, 1보다도 (큰/작은) 비를 곱해 준다.

112 일정 온도하에서, 200PSIA 압력하에 있는 50MCF의 기체를 80MCF로 팽창시켰다고 생각하자.

이때에 곱해 주어야 할 비는 ($\frac{50}{80}$ / $\frac{80}{50}$)이다.

113
$$\frac{5}{8} \times 200 = 125$$

기체의 나중에 있어서의 압력은 _____PSIA로 된다.

114 125PSIA를 PSIG로 나타내면 다음과 같다.

_____PSIG

115 기체의 압력 변화를 알고 기체의 나중의 용적을 얻고자 한다. 온도의 변화가 없으면, 압력의 증가는 기체 용적의 _____를 가리킨다.

116 만일 기체의 압력이 감소되고 온도는 동일하다고 하면, 기체의 용적은 (증가/감소)되어야 한다.

117 계산의 편리를 위하여 14.7PSIA는 흔히 15PSIA로 나타낸다. 지금 30CF의 기체를 45PSIG 및 60°F에서 측정해 준다. 이 기체의 측정된 절대압력은 약 _____PSIA이다.

---

110. 감소　**111.** 작은　**112.** 50/80　**113.** 125　**114.** 110.3　**115.** 감소　**116.** 증가
117. 60

118 15PSIA에 있어서, 기체는 30CF의 공간보다 더 (많은/적은) 공간을 차지하게 된다.

119 기체가 대기압하에서 차지하게 될 더 많은 용적을 얻기 위해서는 비 ($\frac{60}{15}$ / $\frac{15}{60}$)을 곱해 주면 된다.

120 60°F(표준 온도) 및 45PSIG에서 30CF의 기체는 SCF로 다음과 같이 된다.
_____SCF

121 실제의 용적 측정값을 표준 용적으로 환산하려면 아래의 비(Ratio)를 이용한다.
압력이 15PSIA보다 ___①___ 때는 1보다 큰 비
압력이 15PSIA보다 ___②___ 때는 1보다 작은 비

(2) 온도와 용적-샤를의 법칙
(Temperature and Volume--Charles' Law)

122 닫혀 있는 용기 속에 기체가 들어 있을 때 기체를 가열해 주면 그 기체의 _____은 증가한다.

답 **118.** 많은 **119.** 60/15 **120.** 120 **121.** ① 클 ② 작을 **122.** 압력

123 신축식 기체 용기(Telescopic gas holder)는 항압 용기이다.

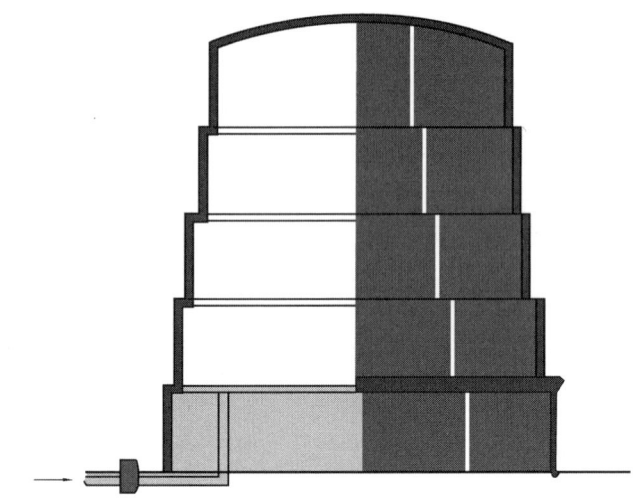

이 기체 용기의 _____은 온도 또는 기체의 양이 변화하면 변화하게 된다.

124 신축식 용기 속의 기체를 가열한다고 생각한다. 이때에 기체의 용적은 (증가/감소)한다.

125 기체를 낮은 온도로 냉각시키면, 그 실제의 용적은 _____한다.

126 기체의 용적은 절대_____의 변화에 정비례하여 변화한다는 것이 샤를의 법칙(Charle's Law)이다.

127 신축식 용기 속의 기체를 70°F로부터 80°F로 가열해 주었다고 가정하자. 70°F는 _____°R이다.

128 80°F는 _____°R이다.

답 **123.** 용적 **124.** 증가 **125.** 감소 **126.** 온도 **127.** 530 **128.** 540

129 지금 기체는 항압 용기 속에 들어 있으므로, 기체의 용적은 온도 상승에 따라 (증가/감소)하였음에 틀림없다.

130 증가된 용적을 구하기 위해서는 1보다도 (큰/작은) 수를 곱해 주어야 한다.

131 항압 용기에서 $2M^2CF$였다고 하면, 나중의 용적은 $2M^2CF$에 ($\frac{530}{540}$ / $\frac{540}{530}$)을 곱해 준 값이 된다.

132 항압 용기에서 $2M^2CF$의 연료 기체를 70°F로부터 80°F로 가열해 주면 나중의 용적은 다음과 같다.

약 _____ M^2CF

133 기체를 냉각해 주고 그 압력이 일정하게 유지되었을 때는, 기체의 실제 _____ 은 감소하게 된다.

134 지금 80°F하에 있는 기체를 40°F로 냉각시켰는데 그 압력은 일정하다고 한다. 절대온도는 ___①___ °R로부터 ___②___ °R로 변하였다.

135 기체의 나중 용적을 계산하는 데는 비 $\frac{(\quad)}{(\quad)}$를 이용한다.

136 압력이 일정할 때 기체의 용적은 온도에 비례한다.
공식 : $\frac{V}{T} = \frac{V'}{T'}$ 이것이 샤를의 법칙이다.
V : 용적(Volume)
T : 온도(Temperature)

답 **129.** 증가 **130.** 큰 **131.** 540/530 **132.** 2,038 **133.** 용적 **134.** ① 540 ② 500 **135.** 500/540 또는 25/27

3. 복습 및 요약(Review and Summary)

137 압력, 용적 및 온도는 기체의 변수이다.
이들 변수 중에서 하나가 변하면 적어도 다른 하나의 변수는 영향을 (받는다/받지 않는다)

138 모든 기체는 원래 압력, 온도 및 용적의 변화에 관하여 동일한 동작을 취한다.
기체의 용적이 감소하면 그 기체의 압력은 _____ 한다.

139 닫힌 용기 속에서 기체를 가열해 주면 그 온도와 함께 _____ 은 증가한다.

140 압력과 용적은 (① 동일한/반대의) 방향으로 변화한다. 즉 한쪽이 증가하면 다른 쪽은 (② 증가/감소)

141 압력과 온도는 (① 동일한/반대의) 방향으로 변화한다. 즉 한쪽이 증가하면 다른 쪽은 (② 증가/감소)

142 압력과 용적 사이의 관계는 반비례의 관계에 있다.
압력과 온도 사이의 관계는 (반비례/정비례)의 관계에 있다.

143 온도 및 용적은 또한 정비례의 관계에 있는 기체의 변수이다. 온도와 용적은 (① 동일한/반대의) 방향으로 변화한다.
즉 한쪽이 증가하면 다른 쪽도 (② 증가/감소)한다.

답 **137.** 받는다 **138.** 증가 **139.** 압력 **140.** ① 반대의 ② 감소 **141.** ① 동일한 ② 증가 **142.** 정비례 **143.** ① 동일한 ② 증가

144 아래의 표에서 변수가 증가할 때는 ↑표, 변수가 감소할 때는 ↓표를 기입하여 표를 완성하여라.

온도	압력	용적
↑	동일	①
↑	②	동일
동일	③	↑
↓	동일	④
↓	⑤	동일
동일	↑	⑥

145 압력, 용적 및 온도 사이의 관계를 설명해 주는 또 하나의 방법은, 주어진 기체의 양에 대하여 분수 PV/T는 항상 동일한 값을 취한다는 것이다.
따라서 온도가 변화하지 않고 압력이 증가하면, 용적은 (증가/감소)하여 분수는 동일한 값을 유지하게 된다.

146 또 온도가 증가하면 압력이나 용적 중의 한쪽, 또는 양쪽이 모두 (증가/감소)하여 분수는 동일한 값을 유지하게 된다.

147 PVT 사이의 관계는 기체의 법칙에서 기술한 바와 같이 절대온도 및 절대압력 하에 있어서만 성립된다는 것을 기억할 필요가 있다. 기체의 일반 법칙을 이용하여 문제를 풀 때에는, 온도 및 압력은 _____ 단위로 나타내 주어야 한다.

148 화씨온도를 기체의 법칙에서 사용할 때에는 _____온도로 환산해 주어야 한다.

149 압력은 (PSIG/PSIA)로 환산해 주어야 한다.

답 **144.** ① ↑ ② ↑ ③ ↓ ④ ↓ ⑤ ↓ ⑥ ↓ **145.** 감소 **146.** 증가 **147.** 절대
148. 랭킨 또는 절대 **149.** PSIA

150 한 기체에 대한 PVT 변화의 양적 영향은 근사적으로 추정해 줄 수 있다. 어떤 수는 1보다도 (큰/작은) 수를 곱하여 크게 해 줄 수 있다.

151 압축기의 조업에 있어서, 기체의 어떤 PVT 관계를 다루는 문제는 절대 단위와 비(Ratio)를 이용하여 풀 수 있다.
아래의 경우 용적에 다음과 같이 분수를 곱해 주어야 한다.
온도가 증가하면 1보다 ____①____ 분수
온도가 감소하면 1보다 ____②____ 분수
압력이 증가하면 1보다 ____③____ 분수
압력이 감소하면 1보다 ____④____ 분수

152 예컨대, 지금 14.7PSIA하에 있는 50MCF의 기체를 44.1PSIA로 압축시켰다고 하자.
흡입 온도는 520°R이고 토출 온도는 720°R이다.
온도의 변화는 용적을 (증가/감소)시키게끔 작용한다.

153 기체의 용적에 대한 온도 변화의 영향을 계산하려면 비 ($\frac{520}{720}$ / $\frac{720}{520}$)을 곱해 준다.

154 압력이 14.7PSIA로부터 44.1PSIA로 변화한 것은 기체의 용적이 _____한 것을 가리킨다.

155 용적에 대한 압력 증가의 영향을 계산하려면 비 $\frac{(\quad)}{(\quad)}$을 곱해 준다.

답 **150.** 큰 **151.** ① 큰 ② 작은 ② 작은 ④ 큰 **152.** 증가 **153.** 720/520 **154.** 감소 **155.** 14.7/44.1

156

$$50 \times \frac{720}{520} \times \frac{14.7}{44.1} = 23.1$$

압축된 기체의 최종 용적은 _____ MCF이다.

157

60°F 및 대기압하에 있는 200SCF의 기체를 30PSIG로 압축시켰는데, 그 온도가 100°F만큼 증가되었다고 한다.
이때의 절대 토출 압력은 약 _____ PSIA이다.

158

절대 토출 온도는 약 _____ °R이다.

159

흡입 압력은 약 ___①___ PSIA이다.
흡입 온도는 ___②___ °R이다.

160

나중에 기체의 용적을 구하기 위해서는, 200CF에 압력 증가에 대한 교정을 위하여 $\frac{(\;①\;)}{(\quad)}$를 곱해 준 다음, 또 온도 증가에 대한 교정을 위하여 $\frac{(\;②\;)}{(\quad)}$을 곱해 주면 된다.

161

압력만이 변화하였을 때는, 나중의 기체의 용적은 다음과 같다.
_____ CF

162

$$66.7 \times \frac{620}{520} = 79.5$$

온도 증가 때문에 압축된 기체의 나중 용적은 실제로 _____ CF가 된다.

답 **156.** 23.1 **157.** 45 **158.** 620 **159.** ① 15 ② 520 **160.** ① 15/45 ② 620/520
161. 66.7 또는 66⅔ **162.** 79.5

163 압축기가 시간당 1M²CF의 기체를 처리해 주고 있다. 처리된 기체의 압력은 75PSIG이고 그 온도는 100°F라고 하자.
그러면 이 압축기로부터 시간당 몇 SM²CF의 기체가 토출되게 될 것인가? 압축기를 떠나게 되는 기체의 절대압력 및 절대온도는 각각 약 ___①___ PSIA 및 ___②___ °R이다.

164 15PSIA에서 기체는 더욱 (① 큰/작은) 용적을 차지하게 될 것이다. 따라서 표준 용적으로 교정하려면 비 $\dfrac{(\;②\;)}{(\;\;\;)}$ 을 이용하여야 한다.

165 기체는 표준 온도에서는 더욱 작은 용적을 차지하게 될 것이다. 따라서 온도 교정비는 $\dfrac{(\;\;\;)}{(\;\;\;)}$ 이다.

166 $$1 \times \frac{520}{560} \times \frac{90}{15} = 5.6$$
압축기는 시간당 _____ SM²CF의 기체를 처리하게 된다.

167 압축기의 토출 압력이 45PSIG이고 토출 온도가 200°F일 때, 매일 4M²CF의 기체를 옮기고 있다고 하자.
표준 용적을 구하기 위해서는 압력 교정비 $\dfrac{(\;\;\;)}{(\;\;\;)}$ 을 곱해 준다.

168 온도 교정비로서는 $\dfrac{(\;\;\;)}{(\;\;\;)}$ 을 곱해 준다.

169 표준 ft³로 고치면, 이 압축기는 다음과 같이 기체를 처리해 주는 것이 된다.
_____ SM²CF/D

---

163. ① 90 ② 560 **164.** ① 큰 ② 90/15 **165.** 520/560 **166.** 5.6
167. 60/15 또는 4/1 **168.** 520/660 또는 26/33 **169.** 12.6

170 기체의 밀도는 기체의 단위 용적당 무게를 말한다.
밀도는 (ft²당/ft³당) 파운드 수로 측정해 줄 수 있다.

171 기체의 비중(Specific gravity)은 표준 상태하에 있는 일정 용적의 기체의 무게와 동일 용량의 건조 공기의 무게와의 비를 말한다.
비중은 표준 상태하에서 기체의 밀도와 _____의 밀도를 비교해 준 값이 된다.

172 공기의 비중은 1.0이다.
공기보다 가벼운 기체는 1.0보다 (큰/작은) 비중을 갖는다.

173 기체가 공기보다 무거울 때는 그 기체의 _____은 1.0보다 크다.

174 동일한 온도 및 압력하에서 상이한 기체는 각각 상이한 밀도와 비중을 갖는다.
모든 기체 분자들은 그 크기와 구조가 꼭 (같다/같지 않다).

175 분자가 서로 다르기 때문에 모든 기체는 꼭 같이 동작을 취하지는 않는다.
여러 기체는 기체의 일반 _____에서 명시된 동작과 약간 벗어난 동작을 취한다.

176 이때의 편차는 흔히 작기 때문에, 보통 압축기의 조업에서는 고려에 넣을 필요가 없다.
보통 기체의 법칙으로부터 벗어난 기체의 동작은 압축기의 조업에 (매우 큰/아주 작은) 영향을 미친다.

답 **170.** ft³당 **171.** 공기 **172.** 작은 **173.** 비중 **174.** 같지 않다 **175.** 법칙
176. 아주 작은

CHAPTER 02

압축의 성질
(The Nature of Compression)

1. 압축의 성질(The Nature of Compression)

001 압축기(Compressor)는 기체의 _____ 을 증가시키는 일(Work)을 하는 기계이다.

002 압축기는 어떤 압력하에 있는 기체를 흡입한다.
그리고 이 기체를 더욱 (높은/낮은) 압력하에서 토출하게 된다.

003 흡입 압력과 토출 압력과의 비는 _____가 기체에 대하여 해 준 일을 나타낸다.

답 1. 압력 2. 높은 3. 압축기

2. 압축비(The Ratio of Compression)

004 압축비(R)는 흡입 절대압력에 대한 토출 압력의 비를 말한다. 압축기가 기체의 절대압력을 배가시킬 때 R은 2이다.
만일 압축기가 기체의 절대압력을 3배로 할 때는 R은 _____이다.

005 압축비는 토출 절대압력을 흡입 절대압력으로 나누어 주면 산출된다. 만일 흡입 압력이 20PSIA이고 토출 압력이 50PSIA라고 하면 R은 ($\frac{20}{50}$ / $\frac{50}{20}$)이 된다.

006 압축비는 _____ 절대압력에 대한 토출 절대압력의 비이다.

007 압축시키면 항상 기체의 압력이 증가하므로, 압축비의 값은 항상 1보다도 (크다/작다).

008 압축비를 계산할 때는 (절대/계기) 압력 단위를 사용한다.

009 압축기가 기체를 대기압하에서 흡입하여 45PSIG의 압력하에서 토출하고 있다고 하자.
이때에 흡입 압력은 약 _____PSIA이다.

010 토출 압력은 약 _____PSIA이다.

답 **4.** 3 **5.** 50/20 **6.** 흡입 **7.** 크다 **8.** 절대 **9.** 15 **10.** 60

11 따라서 이 압축기의 압축비는 다음과 같다.

　　　　　　　　　　　　　　　　　　　　　　　　　　　　　　　_____

12 압축기가 기체를 13PSIA(1.7PSI 진공)에서 흡입하고 14.7PSIA에서 토출한다고 한다.

이때에 R = $\dfrac{(\ \ )}{(\ \ )}$, 즉 약 1.13이다.

13 R은 압축 _____에 대한 약어이다.

14 흡입 절대압력에 R을 곱해 주면 압축되고 있는 기체의 토출 _____을 얻게 된다.

15 흡입 압력이 0PSIG이고 압축비의 값은 2.5이다.
이때에 토출 절대압력은 다음과 같다.

　　　　　　　　　　　　　　　　　　　　　　　　　　　약 _____PSIA

16 이것은 약 _____PSIG와 같다.

답　**11.** 4 또는 60/15　**12.** 14.7/13　**13.** 비　**14.** 절대압력　**15.** 37.5(36.75)
　　16. 22.5(22.05)

3. 압축열(The Heat of Compression)

17 압축기는 기체에 대하여 일(Work)을 소비한다.
압축기가 강제로 기체 분자를 서로 접근시켜 줌에 따라 또한 분자의 속도는 _____ 하게 된다.

18 이때 분자 속도의 증가는 기체의 온도를 (상승/하강)시킨다.

19 온도 상승의 정도는 기체의 성질, 흡입 온도 및 압축량 등에 따라 다르게 된다.
압축비를 증가시키면 토출 기체의 온도는 _____ 된다.

20 동일한 기체이고 압축비의 값이 같을 때는, 토출 온도는 _____ 가 증가함에 따라 상승한다.

21 흡입 온도가 같을 때는 토출 온도는 _____ 가 증가함에 따라 상승한다.

22 동일한 기체에 있어서 토출 온도는 ___①___ 및 ___②___ 의 양쪽에 따라 다르게 된다.

23 두 개의 압축기가 동일한 흡입 온도하에서 메탄을 각각 압축시키고 있다.
두 개의 압축기의 압축비는 모두 3에서 조업되고 있으나 그 흡입 압력은 서로 상이하다.
이들 두 개의 압축기로 인한 온도 상승의 정도는 (동일/상이)하다.

답 17. 증가 18. 상승 19. 증가 20. 흡입 온도 21. 압축비 22. ① 압축비 ② 흡입 압력
23. 동일

024 동일한 기체에 있어서 흡입 온도가 같을 때에는, 압축으로 인한 온도 상승량은 오직 _____에 따라 결정된다.

025 경질 기체는 중질 기체에 비하여 동일한 압축비에 대한 온도 상승이 더욱 크다. 경질 탄화수소 및 수소는 중질 탄화수소보다도 압축열이 더욱 (크다/작다).

026 에탄은 메탄보다도 무겁다.
따라서 (에탄/메탄)을 압축시킬 때에 온도 상승은 더욱 크다.

027 공기의 압축열은 대부분의 탄화수소 기체의 압축열보다 크다. 흡입 온도 및 압축비가 동일할 때는, (천연 가스/공기)를 압축시킬 때에 온도 상승이 더욱 커진다.

028 가해진 열량은 아래에 따라 다르다.
흡입 ①_____,
_____②_____, 및
_____③_____의 종류

다음의 문제들은 그림 2를 참조할 것

---

029 그림 2는 상이한 비중을 갖는 몇 가지 탄화수소 기체의 "n" 인자를 나타낸 것이다.
일련의 곡선은 압축기의 여러 가지 평균 온도에 대한 것이다.
그림 2에서 보면 비중이 0.8이고 압축기의 평균 온도가 150°F인 탄화수소 기체의 "n"의 값은 _____이다.

답 **24.** 압축비 **25.** 크다 **26.** 메탄 **27.** 공기 **28.** ① 온도 ② 압축비 ③ 기체 **29.** 1.21

제2장 | 압축의 성질(The Nature of Compression)

30 곡선은 비중이 증가함에 따라 "n"의 값이 _____하는 경향을 보여 주고 있다.

> 다음의 문제들은 "n"의 값을 사용하여 그림 3을 참조할 것

31 "R"의 값은 4이고, "n"의 값은 1.21이고 또 흡입 온도가 80°F일 때에, 그 토출 온도는 _____°F로 된다.

32 그림 3의 경향은 흡입 온도가 낮으면 토출 온도는 (높아지는/낮아지는) 것을 보여 주고 있다.

33 그림 2 및 그림 3은 기체가 (공기/천연 가스)라는 가정하에 작성되어 있다.

〈그림 2〉

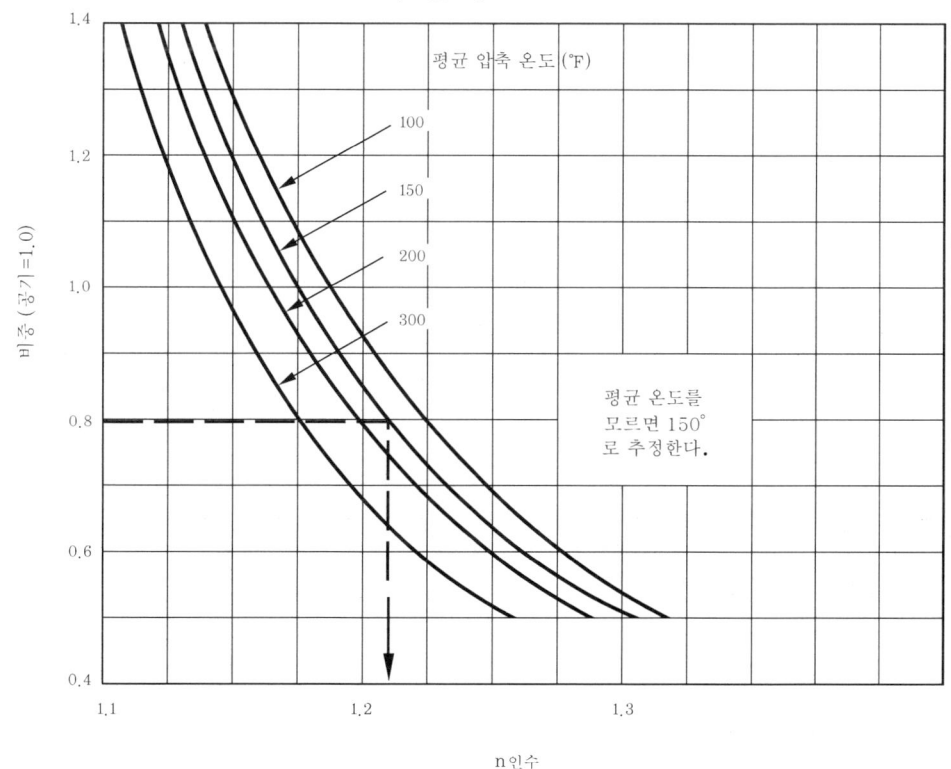

답 **30.** 감소 **31.** 275 **32.** 낮아지는 **33.** 천연 가스

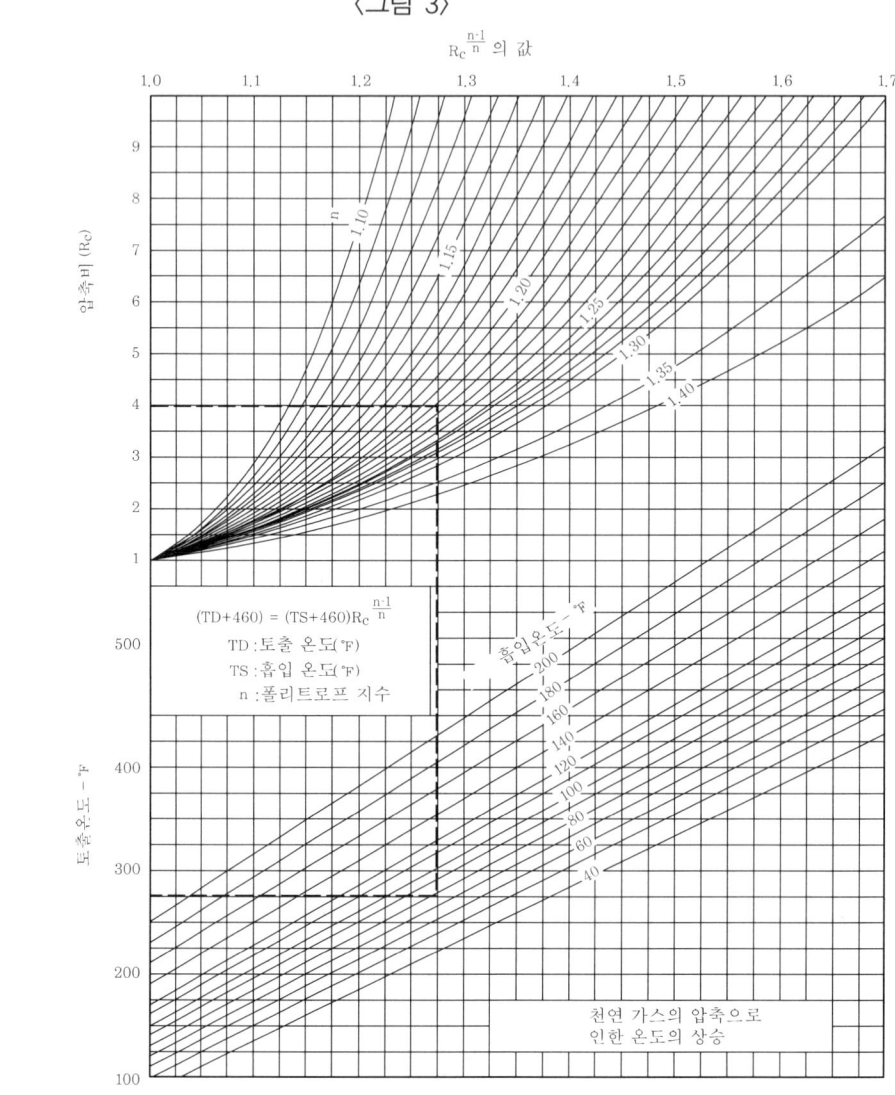

〈그림 3〉

034 기체가 공기일 때는 동일한 흡입 온도 및 압축비에 대한 토출 온도는 (높아질/낮아질) 것이다.

답 34. 높아질

035 압축기의 조업을 잘 해 주려면, 압축 기체의 토출 온도를 일정 한계 온도보다 올려주면 안 된다. 토출 온도는 아래에 따라 낮추어 줄 수 있다.
압축비의 값을 (① 증가/감소), ___②___를 압축기에 도입시키기 전에 냉각하거나 또는 압축기를 ___③___시킨다.

036 만일 토출 온도가 과도하게 높을 때는, 압축비를 감소시키는 동시에 _____기체를 냉각시킬 필요가 있다.

037 압축비의 값은 ___①___ 압력을 감소시키거나 또는 ___②___ 압력을 증가시키거나 또는 양쪽을 모두 실시함으로써 감소시킬 수 있다.

(1) 중간 냉각(Intercooling)

038 아래의 그림은 다단 압축 장치를 나타낸 것이다.

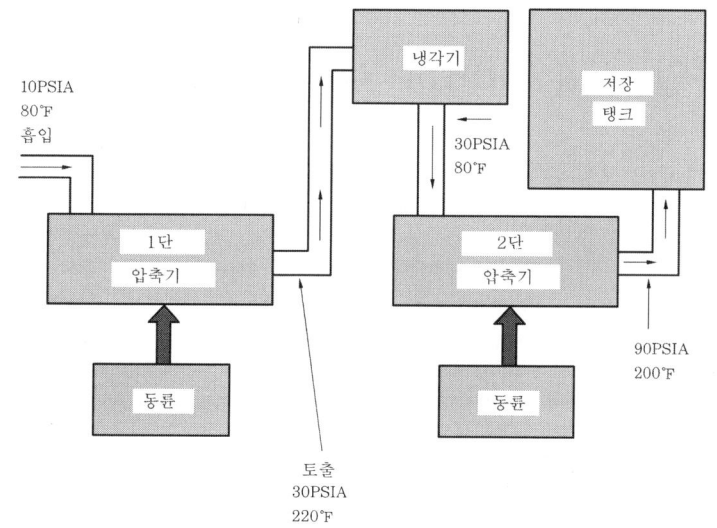

기체는 _____단으로 압축되고 있다.

답 35. ① 감소 ② 기체 ③ 냉각 36. 흡입 37. ① 토출 ② 흡입 38. 2

039 첫 번째 압축기로부터 나온 토출량은 두 번째 압축기로 들어가기 전에 _____ 속을 통과하게 된다.

040 중간 냉각(Intercooling)은 기체가 제2단의 압축기로 들어가기에 앞서 기체의 _____를 하강시키는 데 이용된다.

041 중간 냉각이 없으면 다단 압축에 있어서 최종 토출 온도를 낮추어 줄 수 없다. 만일 각 단으로 들어가는 기체의 온도를 현존하는 온도로 맞추어 주면, 전체에 걸친 _____ 상승은 단단 압축 때와 같게 된다.

042 전체에 걸친 압축비가 클 필요가 있을 때는, 중간 냉각과 함께 2단 이상의 압축을 해 줄 필요가 있다.
중간 냉각과 함께 다단 압축을 해 주면, 각 단의 압축비를 허용 범위 내로 유지해 줄 수 있고 또 토출 _____가 과도하게 높아지는 것을 방지할 수 있다.

(2) 흡입 냉각(Suction Cooling)

043 기체의 온도를 하강시키고 그 압력을 일정하게 유지해 주면, 그 기체의 용적은 감소하게 된다.

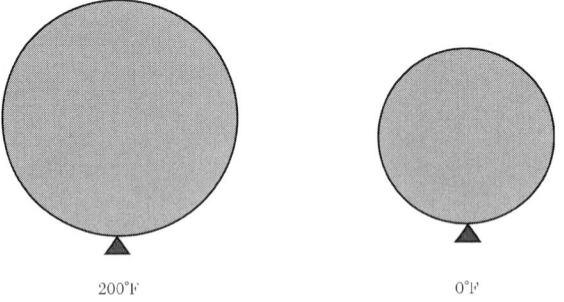

기구 속에 대기압하의 기체를 채워 준 다음 냉각시키면 기구는 (줄어든다/늘어난다).

---

39. 냉각기 **40.** 온도 **41.** 온도 **42.** 온도 **43.** 줄어든다

044 기체를 냉각시키면 더욱 밀집하게 된다.
따라서 기체를 (가열/냉각)해 주면 동일한 실체의 ft³에 대하여 더욱 많은 표준 ft³가 압축되게 된다.

045 기체가 냉각되었을 때는, 압축기는 동일한 흡입 압력에 대하여 더욱 (많은/적은) 기체를 옮겨주는 것이 된다.

046 중간 냉각을 해 주는 하나의 이유는 기체의 최종 _____를 낮추어 주는 것이다.

047 그러나 더욱 중요한 이유는 기체가 제2단 압축기에 이르기 전에 기체의 용적을 _____시켜 주는 것이다.

048 압축기의 실린더는 온도가 하강하면 동일한 변위량에 대하여 더욱 큰 SMCFD를 취급할 수 있으므로, SMCFD당 필요한 동력은 감소하게 된다.
흡입 기체를 냉각시키면 SMCFD당 필요한 동력은 _____하게 된다.
SMCFD는 Standard Thousand Cubic Feet per Day의 약어이다.

049 흡입 냉각(Suction cooling)은 기체의 최종 ___①___를 감소시키고, 또 동일한 동력 입량에 대하여 더욱 (② 많은/적은) 기체량(SMCFD)을 처리할 수 있게 한다.

050 즉 흡입 냉각은 SMCFD 단위로 일정한 유속을 유지해 주는 데 필요한 동력을 _____시키기 위해 이용된다.

답 44. 냉각 45. 많은 46. 온도 47. 감소 48. 감소 49. ① 온도 ② 많은 50. 감소

4. 용량 및 유속(Capacity and Rate)

51 유속(Rate)은 단위 시간에 대한 흐름의 용적을 말한다.
(ft^3/분당 ft^3)는 유속의 측정 단위이다.

52 기체의 유속은 또한 시간당 ft^3 또는 일당 ft^3 단위로도 측정된다.
유속을 측정하려면 용적 및 _____을 측정하여야 한다.

53 기체의 유속은 일정 ___①___ 내에 압축기를 거쳐 흐르거나 또는 압축기가 취급하는 기체의 ___②___ 량을 말한다.

54 유속의 측정에 있어서는 용적 및 시간에 대하여 약어를 쓴다.
예컨대 일당 650,000ft^3의 유속은 _____MCF/D로 약한다.

55 이때에 기체의 용적이 표준 ft^3이면, 약어는 650_____MCF/D로 된다.

56 일당 1백만 표준 ft^3는 1___①___/D 또는 1___②___/D라고 쓴다.

57 단위 시간당 ft^3는 또한 CF/D 또는 CFM 등으로 나타낼 수도 있다.
1M^2CF/D는 _____당 1백만 ft^3를 나타낸다.

답 **51.** 분당 ft^3 **52.** 시간 **53.** ① 시간 ② ft^3 **54.** 650 **55.** S **56.** ① MMSCF ② M^2SCF **57.** 일

058 압축기의 용량이란 압축기가 기체를 압축시킬 때에 적용하는 유속을 말한다. 100SCFM의 용량은 압축기가 기체를 매 ___①___ ___②___ SCF만큼 흡입하고 또 토출한다는 것을 말한다.

059 압축기의 규정 용량이 60SCFM이라고 하자.
압축기는 흡입 압력이 ___①___ PSIA이고 또 흡입 온도가 ___②___ °F라고 가정했을 때, 분당 ___③___ ft³의 기체를 압축하게 된다.

060 압축기의 용량은 흔히 분당 ft³(CFM) 단위로 평가해 준다.
지금 공기 압축기가 100CFM을 다루고 있다.
이 압축기의 일당 유속은 다음과 같다.

_____ MCF/D

061 100SCFM과 같은 유속을 사용할 때에는, 용적은 ___①___ °F의 온도 및 ___②___ PSIA의 압력하의 용적으로 교정해 준다.

062 100MCF/D 또는 100CFM 등과 같이 유속 단위로 표시될 때에는 온도 및 압력의 흡입 조건은 (표준 조건/측정시의 조건)이며 표준이 아님을 뜻한다.

답 **58.** ① 분 ② 100　**59.** ① 14.7 ② 60 ③ 60　**60.** 144　**61.** ① 60 ② 14.7
62. 측정시의 조건

(1) 브레이크 마력(BHP)

063 우리의 주변에서 쓰이는 일(Work)에 관한 기본 단위는 피트-파운드이다.

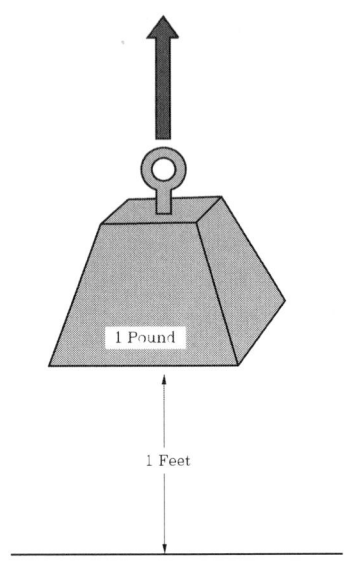

1피트-파운드는 1___①___의 무게를 1___②___의 거리만큼 올려줄 때에 수행한 일을 말한다.

064 10파운드의 무게를 1피트만큼 올려주는 데는 _____ 피트-파운드의 일을 필요로 한다.

065 일은 힘(Force)에 거리를 곱한 것이다.
60파운드의 무게를 바닥으로부터 3푸트만큼 올려주었다고 하면, (20/80/180) Foot-Pounds의 일을 한 것이 된다.

답　**63.** ① Pound ② Feet　**64.** 10　**65.** 180

제2장 | 압축의 성질(The Nature of Compression) 47

66 마력(Horsepower)은 일을 할 때의 시간율(Time rate)을 말한다. 1마력(HP)은 33,000Foot-Pounds의 일을 1분간에 수행하는 것을 가리킨다.

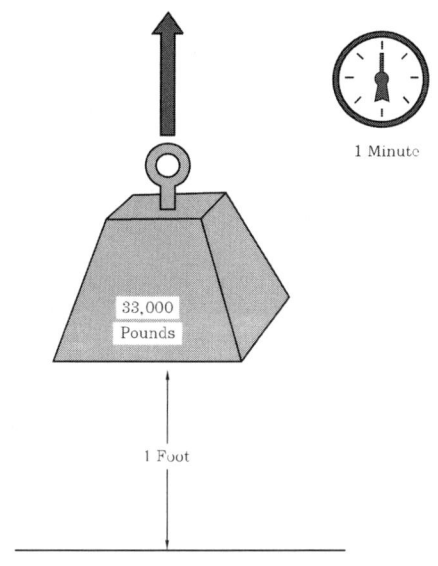

마력(HP)은 단위 _____에 수행한 일의 피트-파운드를 측정해 주는 하나의 측정값이다.

67 1분간 99,000Foot-Pounds의 일을 하였다고 가정하면 이때의 마력은 _____이다.

68 HP는 수행한 일의 피트-파운드 수와 이것을 하는 데 소요된 _____을 알면 구할 수 있다.

69 단위 시간에 대한 일의 양 또는 피트-파운드 수가 증가함에 따라 필요한 HP는 _____하게 된다.

답   **66.** 시간   **67.** 3   **68.** 시간   **69.** 증가

070 일을 하는 데 더욱 많은 시간이 걸릴 때에는 필요한 마력은 (높아/낮아)지게 된다.

071 에너지 및 동력(Power)에 관한 단위로서는 피트-파운드 및 마력 외에도 여러 가지가 있다.

동력 및 일에 대한 계수(Table of Power and Work Factor)
1마력(Horsepower)=746Watts
1   ″   ″   = 33,000ft. Lbs./min.
1   ″   ″   = 42.41BTU/min.
1BTU   =778foot-pounds
1   ″   =0.2930Watt hours
1kilowatt   =1,000Watts
1   ″   = 1.34horsepower
1   ″   = 44,236ft. Lbs./min.
1   ″   =56.87BTU/min.

전력은 _____ 단위로 측정해 준다.

072 1HP는 746 _____ 와 같다.

073 1kW ___①___ W 또는 ___②___ HP이다.

074 두 개의 압축기가 동일한 흡입 조건 및 유속하에서 동일한 기체를 압축시키고 있다. 압축기 A의 압축비는 2이고 압축기는 B의 압축비는 3이라고 하면, (A/B)쪽이 더 많은 일을 하게 된다.

---

70. 낮아 **71.** kilowatt 또는 Watts **72.** Watts **73.** ① 1,000 ② 1.34 **74.** B

075 기체 압축기가 하는 일은 다음에 따라 결정된다.
압축기를 통과하는 흐름의 ___①___,
압축___②___, ___③___ 온도,
___④___의 종류.

076 토출 절대압력을 흡입 절대압력으로 나눈 값이 압축_____이다.

답 75. ① 속도 ② 비 ③ 흡입 ④ 기체 76. Ratio

5. 복습 및 요약(Review and Summary)

077 압축비(R)는 토출 절대압력을 흡입 _____으로 나눈 값이다.

078 흡입 압력이 15PSIA이고 토출 압력이 45PSIA이면 압축비는 _____이다.

079 기체 압축기가 수행하는 일은, 압축기를 통과하는 흐름의 ___①___와 압축 ___②___, ___③___ 온도 및 ___④___의 종류에 따라 결정된다.

080 일정한 속도의 압축기에 있어서, HP 부하는 _____를 변화시켜 조정해 줄 수 있다.

081 압축비는 보통 흡입 압력을 (① 증가/감소)시키거나 또는 토출 압력을 (② 증가/감소)시킴으로써 감소시킬 수 있다.

082 압축기의 토출 온도는 다음에 따라 결정된다.
   ___①___ 온도,
압축___②___,
   ___③___의 조성

083 공기는 동일한 압축비와 동일한 흡입 온도일 때 탄화수소 기체보다도 더욱 (많이/적게) 가열된다.

답 77. 절대압력 78. 3 79. ① 속도 ② 비 ③ 흡입 ④ 기체 80. 압축비
81. ① 증가 ② 감소 82. ① 흡입 ② 비 ③ 기체 83. 많이

84 토출 온도는 흡입 온도를 낮추거나 또는 _____를 감소시켜 줌으로써 저하시킬 수 있다.

85 압축비 R이 3보다 클 때에는, 기체는 보통 다단식 압축기로 압축시킨다. 다단식 압축기에 있어서는 중간 냉각을 실시하여 전체적인 토출 _____를 낮추어 준다.

86 중간 냉각은 또한 제2단 압축기 속으로 들어가는 기체의 실제에 있어서의 ____①____ 을 감소시켜, ____②____ BHP로 기체를 취급할 수 있게 해 준다.

87 중간 냉각을 하지 않고, 다단 압축시 전체적인 토출 온도를 낮추어 줄 수는 (있다/없다).

88 압축비 및 흡입 압력이 일정하게 유지될 때 흡입 온도를 낮추어 주면, 처리해 준 기체의 표준 용적은 ____①____ 되고, 또 토출 온도는 ____②____ 지게 된다.

89 소요 BHP를 _____시키기 위해서는 흡입 온도를 낮추거나, 또는 압축기의 속도를 늦추어 주면 된다.

90 압축비만을 감소시키면 필요한 BHP는 ____①____ 하고 또한 압축기의 토출 온도는 ____②____ 지게 된다.

91 압축기가 필요로 하는 BHP는 다음과 같이 하여 감소시킬 수 있다.
　　____①____ 만을 감소시킨다.
　　____②____ 만을 감소시킨다.
　기체의 흡입 ____③____ 만을 낮추어 준다.

답 84. 압축비　85. 온도　86. ① 용량 ② 적용　87. 없다　88. ① 증가 ② 낮아　89. 감소
90. ① 감소 ② 떨어　91. ① 압축비 ② 유속 ③ 온도

092 압축비만을 증가시키거나, 유속만을 증가시키거나 또는 흡입 온도만을 상승시키는 것은 모두 필요한 _____가 커진다는 것을 뜻한다.

답   92. BHP

CHAPTER 03

강제 변위 압축기의 원리
(Principles of Positive Displacement Compressor)

54 압축기(Compressor) | 제1편

001 기체를 강제로 (큰/작은) 용적을 차지하게 해 주면, 그 기체의 압력은 증가하게 된다.

002 이것이 강제 변위 압축기의 작동 원리이다.

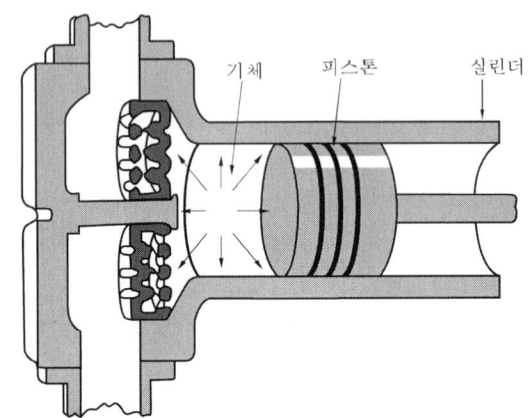

처음에 강제 변위 압축기는 실린더 또는 덮개(Casing) 속에 일정 용적의 _____를 잡아넣는다.

003 다음에 이 기체를 작은 _____ 속으로 변위시킨다.

004 용적 감소가 크면 클수록 _____ 증가는 더욱 커진다.

005 용적 변위에 의하여 작동되는 압축기를 _____ 압축기라고 한다.

답   1. 작은   2. 기체   3. 용적 또는 공간   4. 압력   5. 강제 변위

006 대부분의 강제 변위 압축기는 왕복 운동으로 작동되고 있으나, 회전 운동을 이용하고 있는 것도 있다.

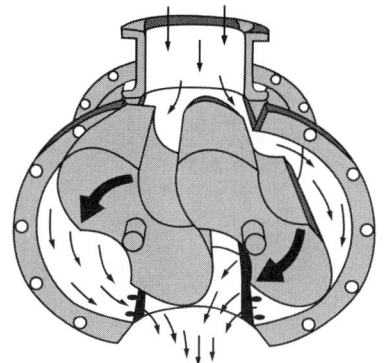

회전 압축기(Rotary compressor) 또는 송풍기(Blower)에서 기체를 변위시키는 부품은 (회전/전후로 운동)한다.

007 (회전/왕복) 압축기에서, 기체는 전후 또는 상하 방향의 운동에 의하여 변위된다.

008 회전 압축기와 왕복 압축기는 모두 처음에 일정 용적의 기체를 잡아넣은 다음, 기체를 작은 용적 속으로 _____ 시킴으로써 작동된다.

답   6. 회전   7. 왕복   8. 변위 또는 압축

1. 왕복 압축기
(The Reciprocating Compressor)

009 왕복 압축기에서는 일정 용적의 기체를 실린더(Cylinder) 속으로 끌어들인다.

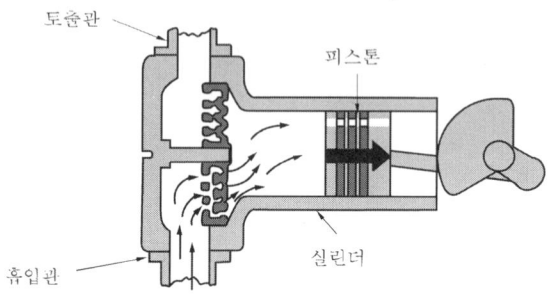

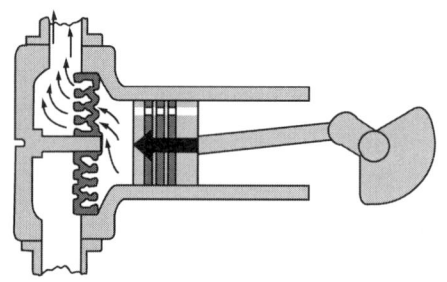

기체는 _____ 내부에 잡혀 있게 된다.

010 _____이 억지로 기체를 작은 용적을 차지하게 해 주면, 기체는 압축된다.

011 그 다음에 압축된 기체는 _____ 속으로 토출된다.

답 9. 실린더 10. 피스톤 11. 토출관

제3장 | 강제 변위 압축기의 원리(Principles of Positive Displacement Compressor) 57

12 실린더를 거친 기체의 흐름은 실린더 밸브로 조절된다.

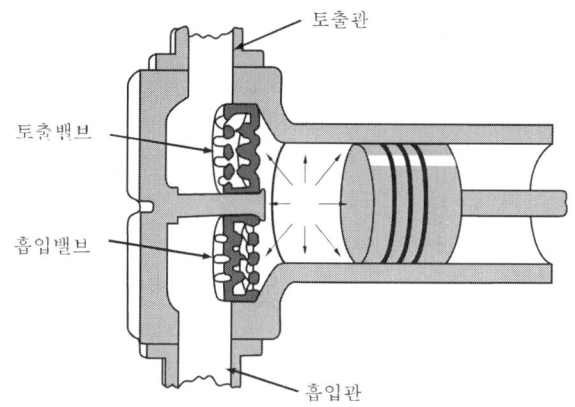

기체는 _____ 밸브를 거쳐 실린더 속으로 들어간다.

13 기체는 _____ 밸브를 거쳐 실린더로부터 나간다.

14 실린더 밸브는 체크 밸브와 같이 작동한다. 이들은 흐름이 (한쪽 방향으로만/양쪽 방향으로) 흐르게 한다.

15 압축기의 밸브는 압력차 때문에 열리게 된다.

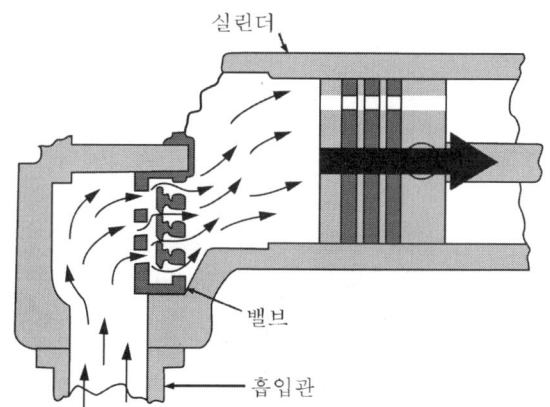

밸브가 열리기 위해서는 흡입관(Suction line) 속의 기체의 압력은 실린더 속의 기체의 압력보다도 (커야/작아야) 한다.

───────────────────────

답 **12.** 흡입 **13.** 토출 **14.** 한쪽 방향으로만 **15.** 커야

016 밸브를 가로지르는 압력이 같을 때 밸브는 _____ 반대 방향으로 흐를 수 없게 된다.

017 실린더 내의 압력이 흡입관 내의 기체의 압력보다 작을 때는 흡입 밸브 (Suction Valve)는 열리게 된다.
실린더 내의 압력이 토출관 내의 기체의 압력보다 _____ 때는 토출 밸브 (Discharge Valve)가 열리게 된다.

018 왕복 압축기에서는 1회의 전진 운동 및 후진 운동이 1주기(Revolution)를 이룬다.

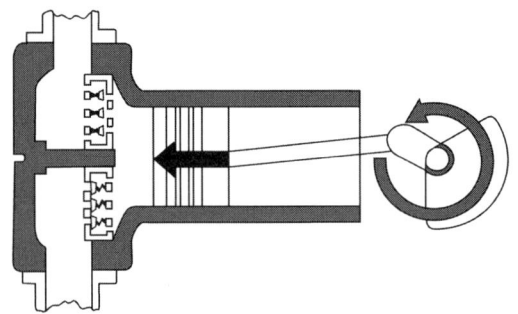

만일 기체가 전진 운동 또는 후진 운동 중 한쪽에서만 토출되면, 이 압축기는 단동식(Single acting)이라고 말한다. 단동식 압축기는 주기당 _____의 토출량을 갖는다.

019 단동식 압축기에서는 전진 운동이 압축 행정이다.

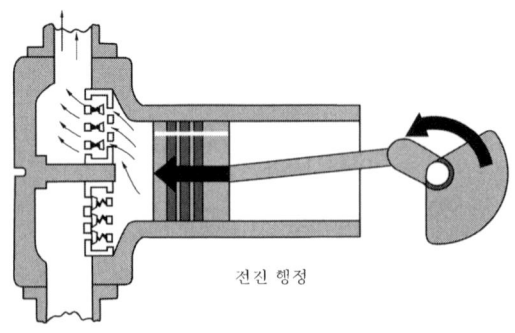

전진 행정

답 16. 닫히고 17. 클 18. 1회 19. 흡입

제3장 | 강제 변위 압축기의 원리(Principles of Positive Displacement Compressor) 59

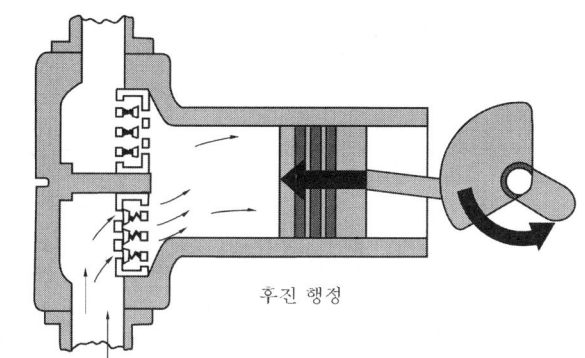

후진 행정

후진 운동은 _____ 행정이다.

020 대부분의 격무용 왕복 압축기는 복동식(Double acting)으로 되어 있다.

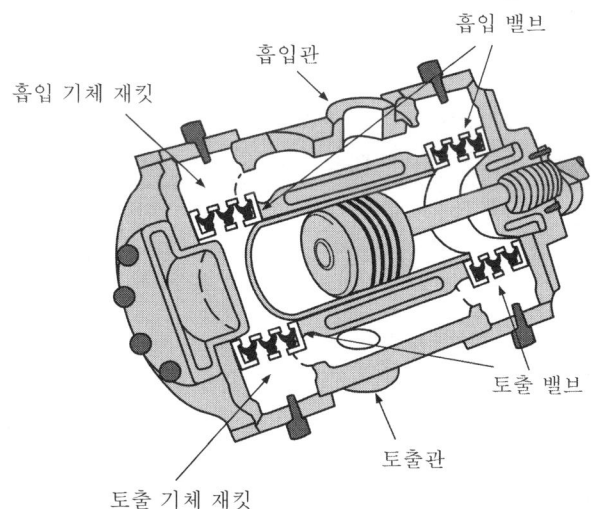

복동식 압축기에서, 기체는 피스톤의 (한쪽/양쪽)에서 압축된다.

021 복동식 압축기는 주기당 _____의 토출량을 갖는다.

답 **20.** 양쪽 **21.** 2회

022 아래의 그림은 피스톤이 실린더의 크랭크단부(Crank end)으로부터 멀리 떨어져 나가고 있는 모양을 그린 것이다.

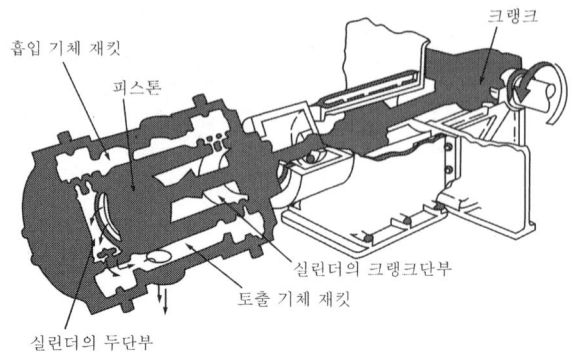

피스톤이 전진 운동을 할 때, 피스톤은 실린더의 (두/크랭크)단부에 있는 기체를 압축한다.

023 토출 기체 재킷(Discharge gas jacket) 속의 기체의 압력보다도 피스톤 두단부의 압력이 약간 클 때에는, 두단부 토출 밸브는 (① 열리고/닫히고) 기체는 실린더의 두단부 (② 로 들어간다/로부터 나온다).

024 전진 운동을 시작할 당초에는, 피스톤과 크랭크단의 두부(Crank end head)와의 사이 그리고 밸브의 구석과의 사이에는 토출 압력하에 있는 기체가 약간 잡혀 있게(Trapped) 된다.

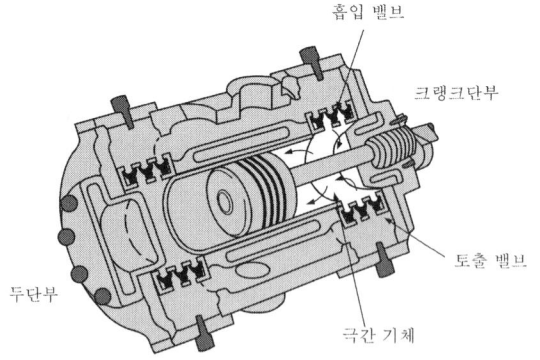

피스톤이 전진 운동을 시작함에 따라, 이 크랭크 단부의 극간 기체(Clearance gas)는 (① 팽창/수축)하고 그 압력은 (② 증가/감소)하게 된다.

답 **22.** 두(Head) **23.** ① 열리고 ② 로부터 나온다 **24.** ① 팽창 ② 감소

25
이 극간 기체의 압력이 흡입 기체 재킷(Suction gas jacket) 속의 기체의 압력보다도 낮아지게 되면, 크랭크 단부의 흡입 밸브는 (① 열리고/닫히고) 일정 용적의 기체는 실린더의 크랭크 단부 (② 속으로 들어가게/로부터 나오게) 된다.

26
기체가 팽창함에 따라 그 기체의 온도는 하강하게 된다. 전진 운동의 최후에는, 실린더의 크랭크 단부 속의 극간 기체는 그 실린더의 단부로 도입되는 신선한 기체와 거의 같은 압력 및 _____를 지니게 된다.

27
크랭크 단부의 흡입 밸브는 실린더 단부 속의 기체의 압력이 (흡입/토출) 기체 재킷 속의 기체의 압력과 같아지기 시작할 때에 닫히게 된다.

28
실린더 두단부 속의 기체의 압력이 토출 기체 재킷 속의 기체의 압력과 같아지기 시작할 때에, 두단부의 _____ 밸브는 닫히게 된다.

29
전진 운동의 최후에는, 실린더의 ___①___ 단부는 완전히 채워지고 또 실린더의 ___②___ 단부에는 토출 압력하에 있는 극간 기체만이 들어 있게 된다.

30
그 다음에 피스톤은 후진 운동을 시작한다.

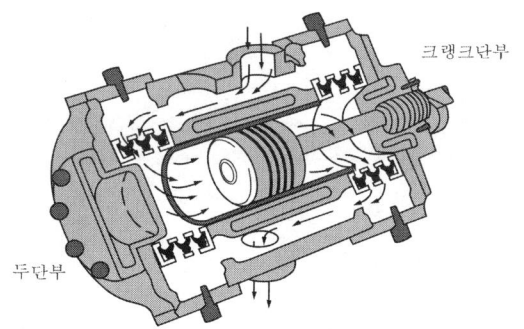

후진 운동 때는 기체는 실린더의 _____단부 속에서 압축된다.

---

25. ① 열리고 ② 속으로 들어가게 **26.** 온도 **27.** 흡입 **28.** 토출
29. ① 크랭크 ② 두 **30.** 크랭크

031 이와 동시에 신선한 기체가 실린더의 _____단부 속으로 채워진다.

032 아래의 압축기에서 각 부품의 명칭을 기입하여라.

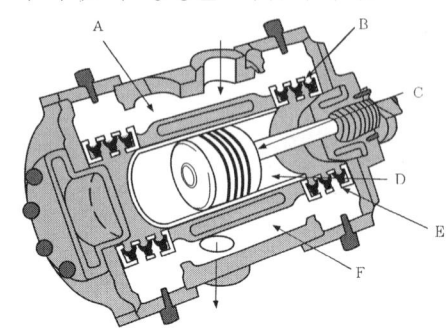

A. _____ _____ _____
B. _____ _____
C. _____
D. _____
E. _____ _____
F. _____ _____ _____

033 이것은 (단동식/복동식) 압축기이다.

034 피스톤이 아래의 그림과 같이 움직일 때에, 실린더의 양단을 거쳐 흐르는 기체의 흐름을 도시하여라.

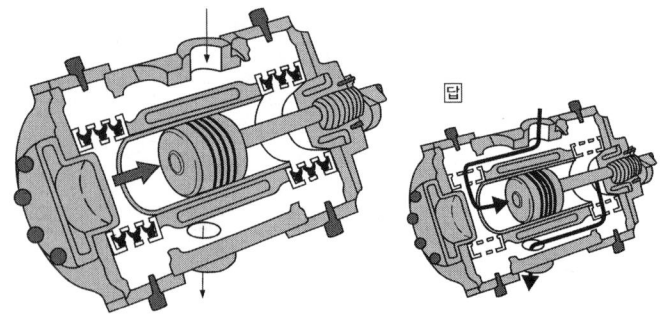

답 31. 두 32. A. 흡입 기체 재킷 B. 흡입 밸브 C. 피스톤 D. 실린더 E. 토출 밸브 F. 흡입 기체 재킷 33. 복동식 34. 그림

2. 회전 압축기 및 송풍기
(Rotary Compressor and Blower)

35 압축기는 낮은 R(압축비)로 대량의 공기 또는 기체를 움직이는 데 이용할 때는, 압축기를 흔히 송풍기(Blower)라고 부른다.
송풍기는 (높은/낮은) 압축비를 갖는 압축기이다.

(1) 로브 송풍기(Lobe Blower)

36 로브 송풍기는 두 개의 임펠러를 가지고 있다. 각각의 임펠러에는 두 개 또는

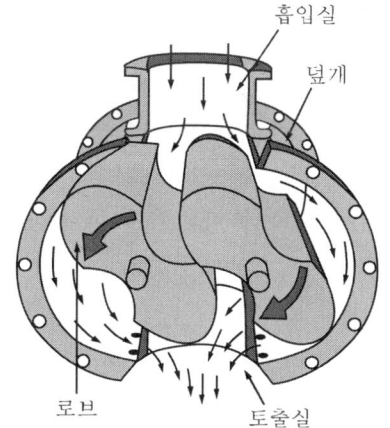

그 이상의 _____가 달려 있다.

37 로브가 달린 임펠러는 _____ 속에서 회전한다.

38 이들은 (같은/반대) 방향으로 회전한다.

답 **35.** 낮은 **36.** 로브 **37.** 덮개 **38.** 반대

039 회전하고 있는 임펠러의 로브는 기체를 흡입실(Suction port)로부터 _____ 속으로 옮겨준다.

040 기체가 토출실(Discharge port) 속으로 옮겨짐에 따라 토출실 속의 압력은 증가하게 된다.

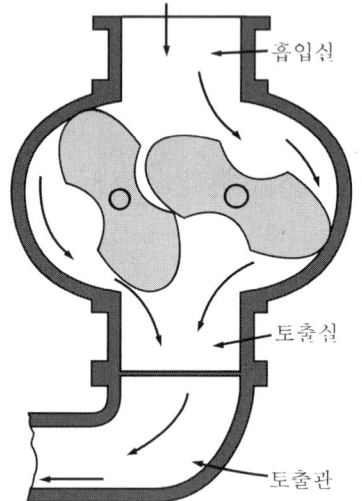

토출실 속의 압력이 토출관 속의 압력보다도 (커지면/작아지면), 기체는 송풍기를 빠져나가게 된다.

041 로브 송풍기에는 로브와 _____ 사이에 작은 극간이 있다.

042 로브 송풍기는 내부에 대한 윤활을 (필요로 한다/필요로 하지 않는다).

043 그러나 극간이 있기 때문에 로브와 덮개 사이에서 항상 기체가 뒤로 _____된다.

044 이 때문에 로브 송풍기는 토출 압력이 클 때에는 사용할 수 (있다/없다).

답 39. 토출실 40. 커지면 41. 덮개 42. 필요로 하지 않는다 43. 누출 44. 없다

045 아래의 송풍기에서 각 부품의 명칭을 기입하여라.

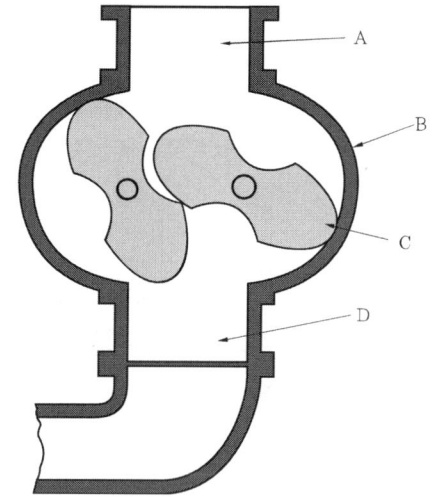

A. _____ _____
B. _____
C. _____
D. _____

046 기체의 흐름을 도시하여라.

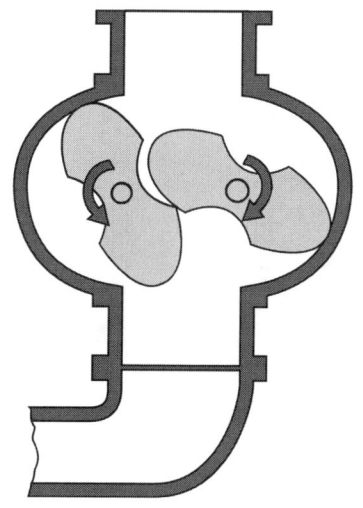

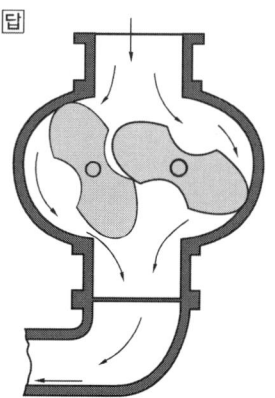

답 **45.** A. 흡입실 B. 덮개 C. 로브 D. 토출실 **46.** 그림

(2) 슬라이드 날개 압축기
(Sliding-Vane Compressor)

047 슬라이드 날개 압축기에는 한 벌의 날개(Vane)가 회전자(Rotor)의 구멍 속에 끼워져 있다. 날개는 회전자를 들락날락하며 _____ 되어 있다.

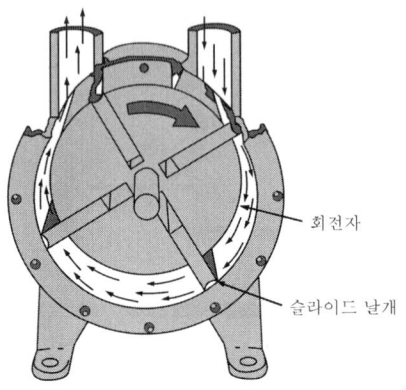

048 원심력은 물체를 회전 중심으로부터 바깥으로 움직이게 하는 힘이다. 원심력은 회전자가 회전하고 있는 동안 날개를 (안으로/바깥으로) 움직이게 해주는 경향이 있다.

049 회전자는 덮개 속에서 중심을 벗어나게 끼워져 있다. 회전자가 회전함에 따라 원심력은 날개를 _____의 벽 쪽으로 밀려나가게 한다.

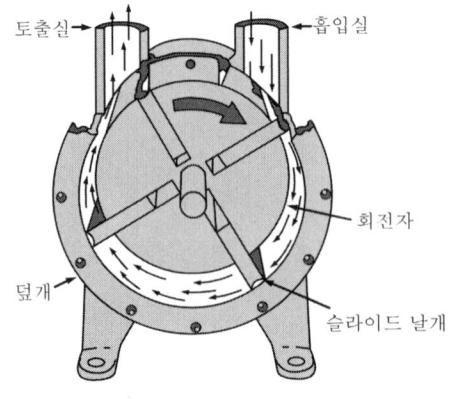

---

47. 미끄러지게 또는 움직이게   **048.** 바깥으로   **049.** 덮개

050 기체는 각 쌍의 슬라이드 _____ 사이의 포켓 속에 잡히게 된다.

051 중심을 벗어나게 끼워 있기 때문에 포켓의 크기는 기체가 토출실로 가까워짐에 따라 _____.

052 회전자 및 날개는 기체를 계속하여 작은 _____으로 밀어낸다.

053 기체를 작은 용적 속으로 옮겨주면 그 기체의 압력은 (커진다/작아진다).

054 슬라이드 날개 압축기 중에는 회전자의 구멍 속에 스프링이 들어 있어, 날개가 덮개의 벽을 밀어내는 것을 돕는 것도 있다.
날개는 _____의 벽에 밀착되어 기체가 새지 않게 한다.

055 슬라이드 날개 압축기에서는 내부에 대한 윤활이 (필요하다/필요하지 않다).

056 아래의 압축기에서 각 부품의 명칭을 기입하여라.

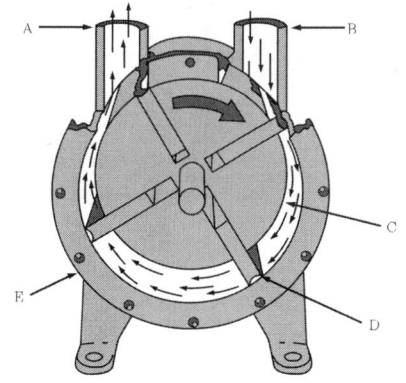

A. _____
B. _____
C. _____
D. _____
E. _____

---

50. 날개깃 **51.** 작아진다 **52.** 용적 또는 포켓 **53.** 커진다 **54.** 덮개 **55.** 필요하다
56. A. 토출실 B. 흡입실 C. 회전자 D. 슬라이드 날개 E. 덮개

057 기체의 흐름을 도시하여라.

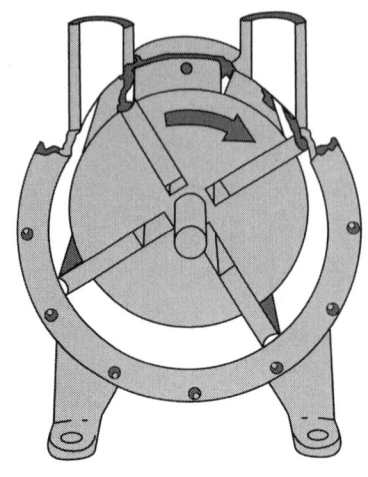
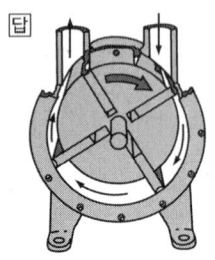

(3) 나사 압축기(Screw Compressor)

058 아래의 압축기에서 기체는 나선형 로브 회전자(Helically lobed rotor)에 의해 옮겨진다. 이것은 회전자가 한 쌍의 _____와 비슷하기 때문에 흔히 나사 압축기라고 한다.

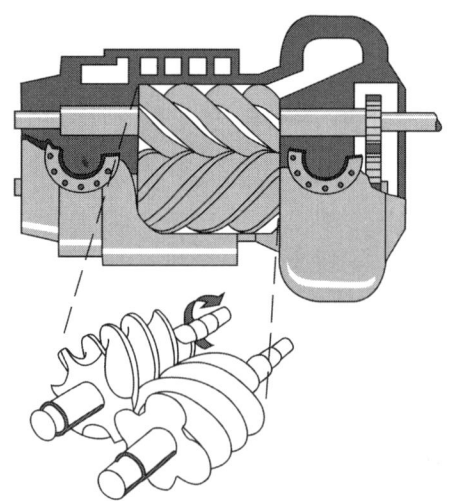

답 57. 그림 58. 나사

059 기체는 흡입실을 거쳐 압축기 속으로 들어간다.

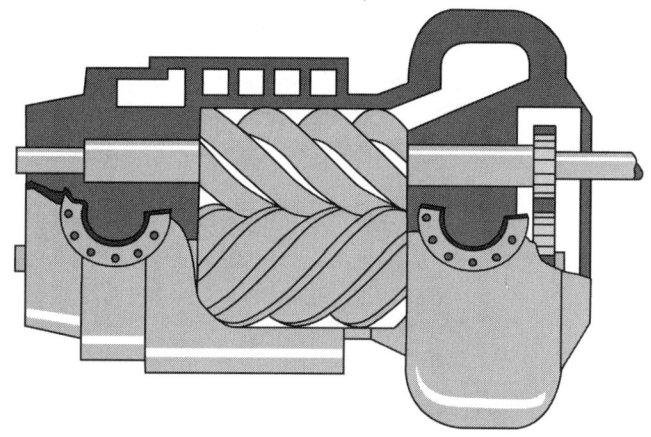

흡입된 기체는 _____의 회전에 의해 곧 밀폐된다.

060 들어간 기체는 모두 로브와 덮개 사이에 잡혀 있게 된다.
기체는 회전하고 있는 _____에 의해 옮겨진다.

061 나사 압축기에서는 기체가 토출실 쪽으로 옮겨짐에 따라 그 용적이 감소된다.
이때의 용적 감소는 기체의 압력을 _____시킨다.

062 회전자는 기어(Gear)를 사용하여 돌리게 되어 있으므로, 회전자 사이나 또는 회전자와 덮개 사이에는 금속과 금속이 맞닿는 곳은 없다. 나사 압축기는 내부에 대한 윤활을 (필요로 한다/필요로 하지 않는다).

063 토출 기체에 _____이 전혀 없어야 할 때는 나사 압축기를 사용해 준다.

답 59. 회전자 60. 로브 또는 나사 61. 증가 62. 필요로 하지 않는다
63. 유분 또는 윤활유분

064 아래의 압축기에서 각 부품의 명칭을 기입하여라.

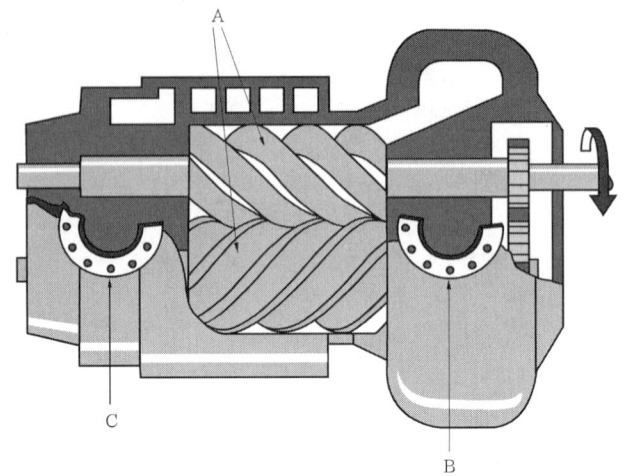

A. _____
B. _____
C. _____

065 기체의 흐름을 도시하여라.

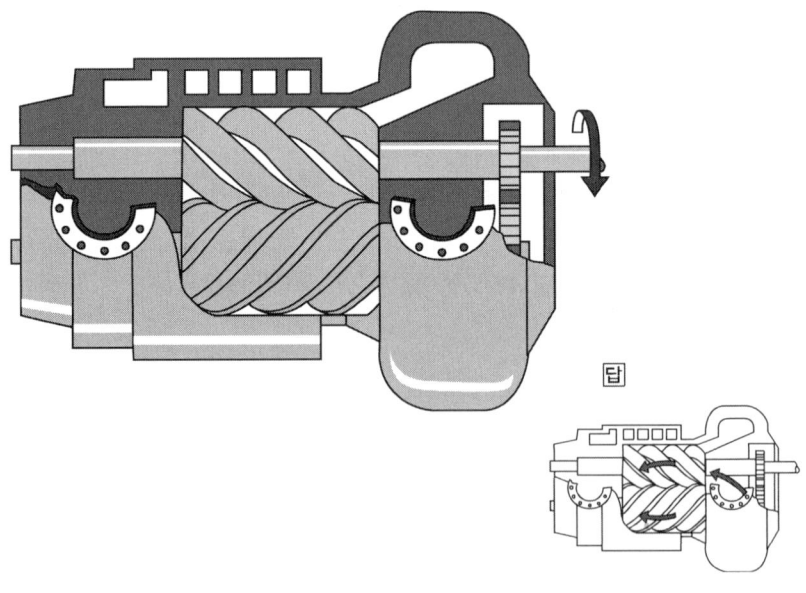

답 **64.** A. 나사 또는 회전자 또는 로브 B. 흡입실 C. 토출실 **65.** 그림

제3장 | 강제 변위 압축기의 원리(Principles of Positive Displacement Compressor) 71

(4) 액체 피스톤 압축기
(Liquid-Piston Compressor)

066 액체 피스톤 압축기에서는 컵 모양의 날개(Cupped blade)가 회전자 위에 달려 있다.

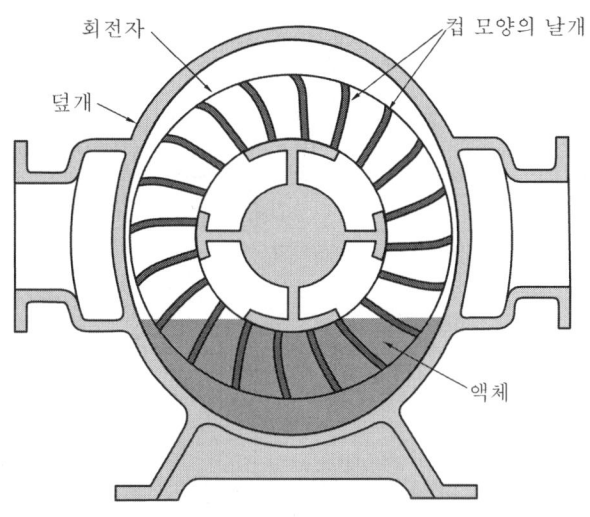

덮개 속에는 일부가 _____로 채워져 있다.

067 회전자와 덮개의 모양을 살펴보아라.
(회전자/덮개)는 완전히 둥글다.

068 _____는 타원형 또는 달걀 모양을 하고 있다.

069 이 압축기에서 사용하는 액체는 보통 물이지만, 특별한 경우에는 다른 _____를 사용하는 수도 있다.

답 66. 액체 67. 회전자 68. 덮개 69. 액체

070 압축기가 작동하지 않고 있을 때는 액체는 덮개의 저부로 가라앉게 된다. 그러나 회전자가 회전할 때는 원심력이 _____ 를 덮개의 벽쪽으로 밀어내게 된다.

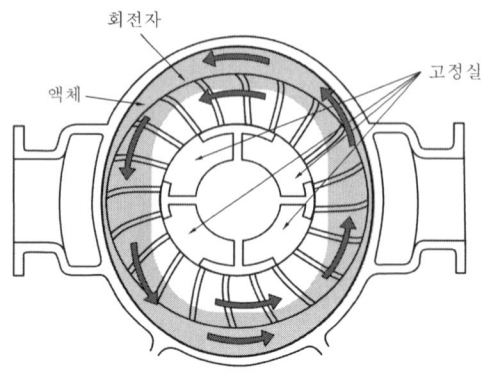

071 액체는 (회전자/덮개)의 모양을 취한다.

072 회전자의 중심 부근에는 네 개로 구분된 고정실(Stationary port chamber)이 달려 있다. 두 개의 구획은 흡입실로 통하고 또 두 개의 구획은 _____ 실로 통하게 되어 있다.

073 회전자가 회전함에 따라, 기체는 고정실 내의 두 개의 도입구로부터 들어오게 된다.

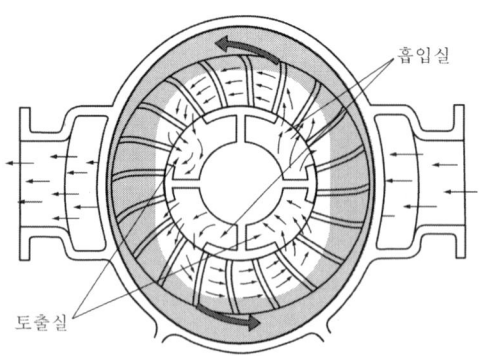

도입되는 기체는 날개 링(Blade ring)과 와동하고 있는 _____ 사이에 잡히게 된다.

답 70. 액체 71. 덮개 72. 토출 73. 액체

제3장 | 강제 변위 압축기의 원리(Principles of Positive Displacement Compressor) 73

074 날개(Blade)는 기체를 고정실 속의 토출실 쪽으로 옮겨준다.
액체는 그것이 취하게 되는 모양 때문에 기체를 압축시키고 또 이것을 _____ 속의 도출구 쪽으로 밀어내는 것을 돕는다.

075 액체 피스톤 압축기는 동시에 (한 줄기의/두 줄기의) 기체를 압축시킨다.

076 피스톤이 액체이므로 이 압축기에서는 내부 윤활이 (필요하다/필요하지 않다).

077 액체의 일부는 항상 토출 기체와 함께 따라다니게 된다. 토출관 내에 분리기(Saparator)를 설치하여 액체를 기체로부터 _____ 시킨다.

078 이 압축기는 덮개 속에 충분한 양의 _____을 유지시켜 주는 방법을 필요로 한다.

079 아래의 압축기에서 각 부품의 명칭을 기입하여라.

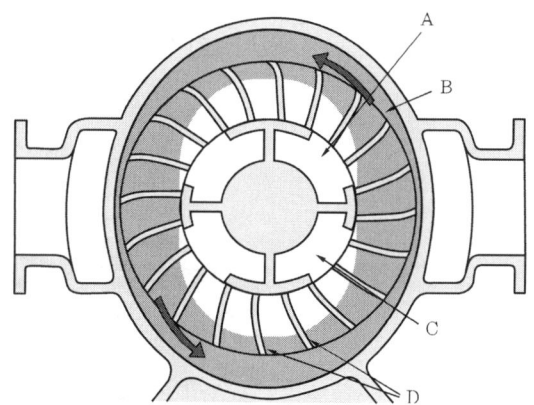

A. _____
B. _____
C. _____
D. _____

답 74. 고정실 75. 두 줄기의 76. 필요하지 않다 77. 분리 78. 액체 또는 물
79. A. 흡입실 B. 액체 또는 물 C. 토출실 D. 날개

080 기체의 흐름을 도시하여라.

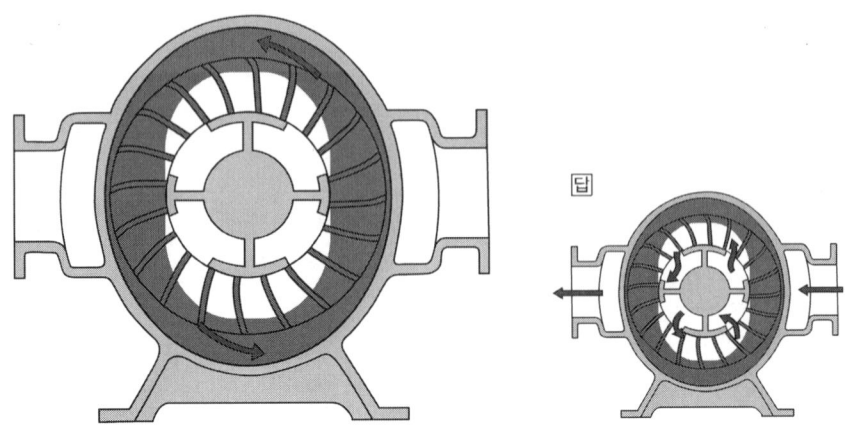

(5) 복습(Review)

081 아래의 회전 압축기 및 송풍기의 형식을 기입하여라.

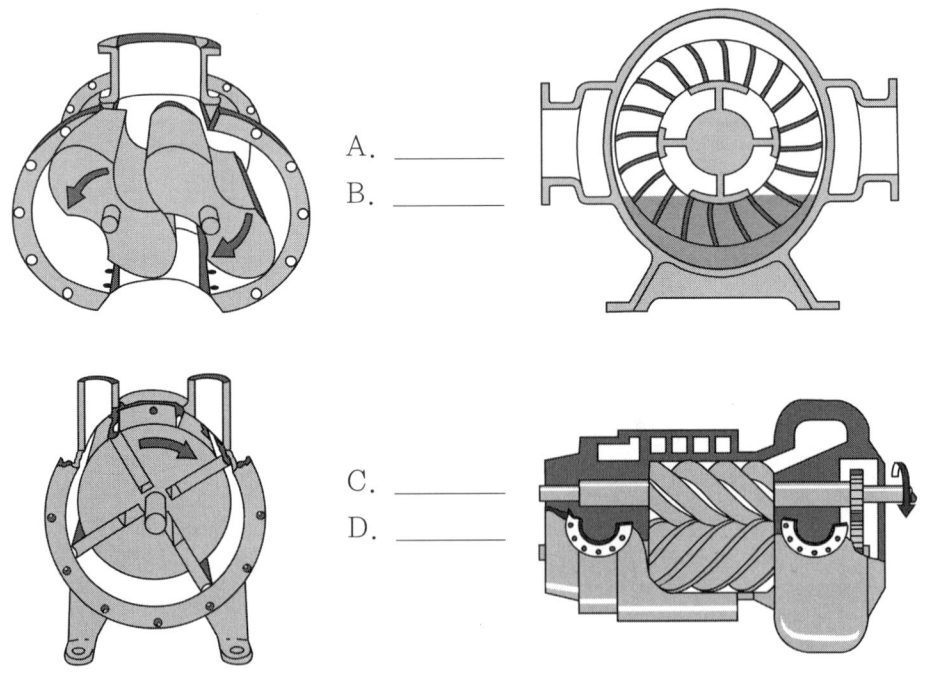

A. _____
B. _____
C. _____
D. _____

답 80. 그림 81. A. 로브 송풍기 B. 액체 피스톤 압축기 C. 슬라이드 날개 압축기
D. 나사 압축기

3. 압축기 도출량의 조절
(Controlling Compressor Output)

82 왕복 압축기의 성능은 압력-용적(p-v) 도표로 나타낼 수 있다.

위의 도표는 압축기 실린더의 _____에 대한 실린더의 관계를 가리킨다.

83 압축기의 피스톤이 실린더 속에서 전후로 움직임에 따라 실린더의 용적은 (변화 한다/일정하게 유지된다).

84 위의 p-v 도표에서 AC로 나타낸 수평선은 실린더 내의 _____의 운동 때문에 생기는 용적의 변화를 가리킨다.

85 도표의 수직선은 실린더의 _____ 를 가리킨다.

답 82. 용적 83. 변화한다 84. 피스톤 85. 압력

086 아래의 그림에서 피스톤은 옮길 수 있는 모든 기체를 옮기고, 또 그것이 갈 수 있는 데까지 멀리 실린더의 끝까지 와 있다.

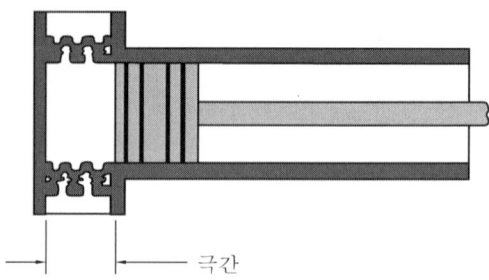

극간(Clearance space) 속의 압력은 (흡입/토출) 압력과 같다.

087 아래의 그림은 강제 변위 압축기에서 피스톤의 왕복 운동 주기 시초에 있어서의 p-v 도표를 나타낸다.

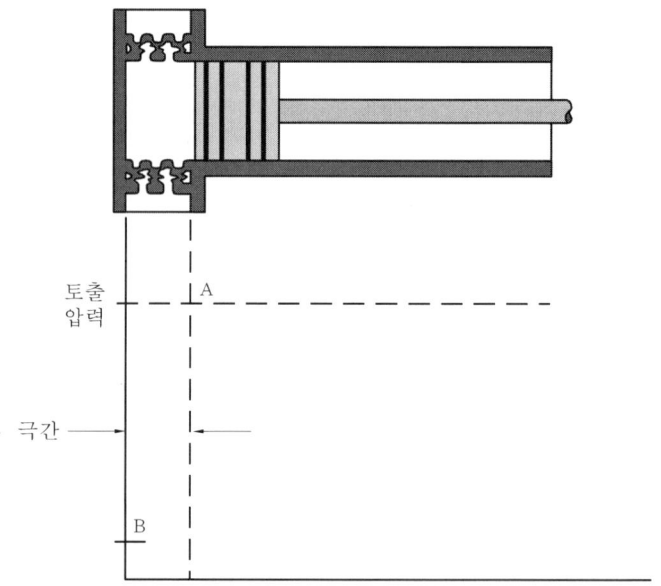

실린더 내의 압력 및 피스톤의 위치는 (A/B)점으로 표시된다.

088 피스톤이 실린더 내에서 후진하기 시작함에 따라 극간 속의 기체는 (팽창/수축)하게 된다.

답 86. 토출 87. A 88. 팽창

089 기체가 팽창함에 따라 실린더 내의 압력은 _____ 하게 된다.

090 실린더 내의 압력이 흡입 압력보다도 약간 떨어지게 되면 _____ 밸브는 열리게 된다.

091 앞의 p-v 도표상에서 곡선 AB는 피스톤의 운동과 이에 따른 압력의 감소를 나타낸다.

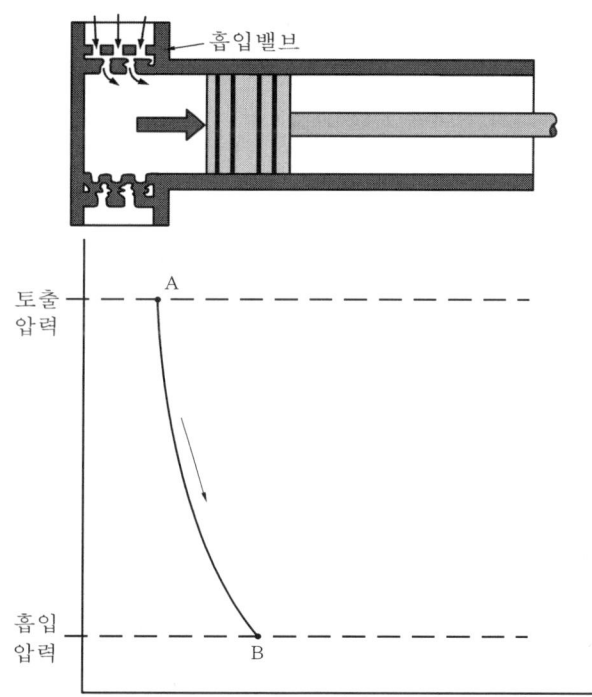

흡입 밸브의 열림새(Opening)는 p-v 도표상에서 (A/B)점으로 표시된다.

092 피스톤이 실린더 내에서 더욱 후진함에 따라 기체가 흘러 들어오게 된다. 실린더 속의 압력은 (증가/감소/비교적 일정하게 유지)된다.

---

89. 감소 **90.** 흡입 **91.** B **92.** 비교적 일정하게 유지

093 아래의 p-v 도표는 피스톤이 한쪽으로 끝까지 움직인 점을 나타낸다.

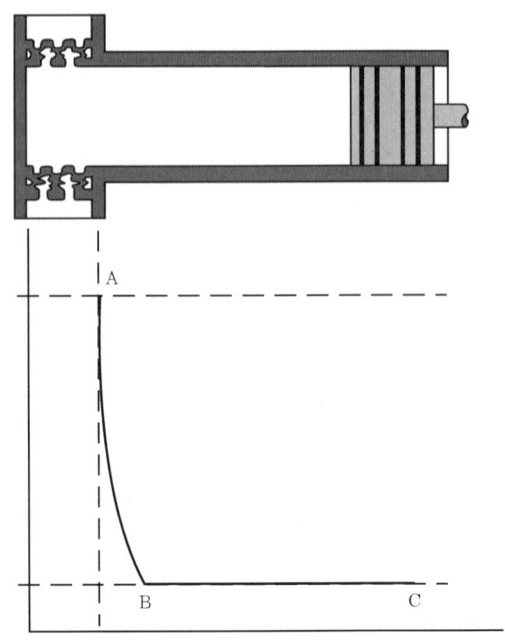

피스톤이 흡입 운동을 하는 최후 지점은 (A/B/C)점으로 표시된다.

094 피스톤이 반대 방향으로 움직이기 시작하자마자 기체는 _____되기 시작 한다.

095 기체에 대한 압축으로 인하여 실린더 속의 기체의 압력은 _____하게 된다.

096 기체의 압력은 (흡입/토출) 압력보다 약간 높아질 때까지 증가된다.

답 93. C 94. 압축 95. 증가 96. 토출

097 아래의 그림에서 실린더 내의 압력은 토출 압력보다 약간 높다.

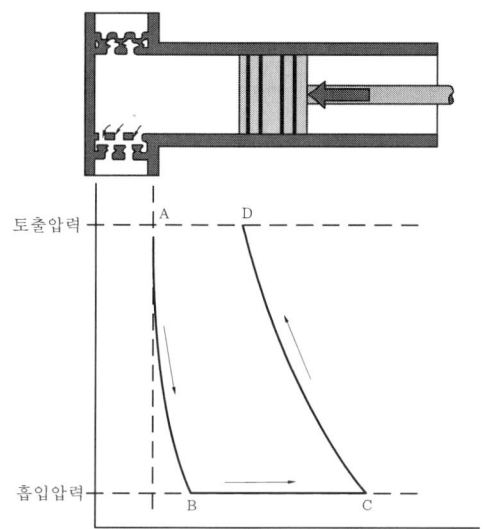

이때의 상태는 p-v 도표상에서 (A/B/C/D)점으로 표시된다.

098 피스톤이 계속하여 움직이면 기체는 적당한 밸브를 거쳐 _____된다.

099 토출 운동을 하는 동안 실린더 속의 기체의 압력은 (증가/감소/비교적 일정하게 유지)된다.

100 아래의 p-v 도표를 보아라.

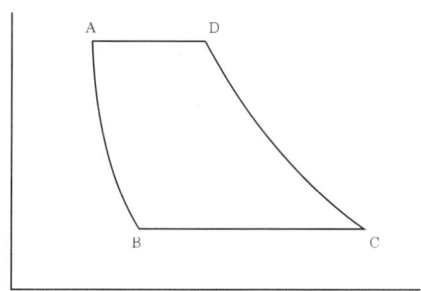

이것은 압축기의 (한 개 또는 그 이상의 완결된 주기/한 개보다 적은 주기)를 나타내고 있다.

---

97. D **98.** 토출 **99.** 비교적 일정하게 유지
100. 한 개 또는 그 이상의 완결 주기

101 p-v 도표에서 네 개의 선에 대하여 압축(Comporsson), 토출(Discharge), 팽창(Expansion) 및 흡입(Suction)을 표기하여라.

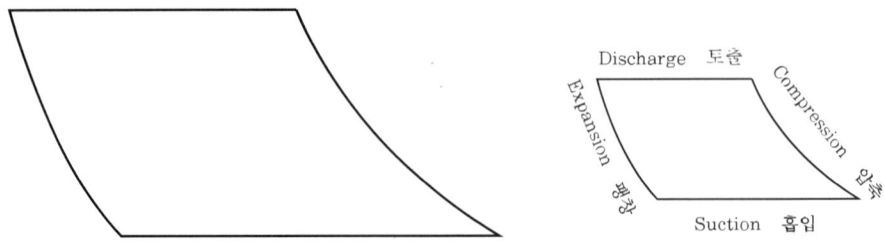

102 일(Work)은 힘(Force)에 거리를 곱한 것이다.

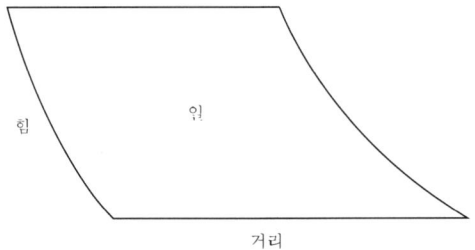

p-v 도표에서 수평 방향의 (용적) 위치의 변화는 (힘/거리)를 가리킨다.

103 수직 방향의 (압력) 위치의 변화는 (힘/거리)을 가리킨다.

104 길이에 넓이를 곱해 주면 면적이 된다.
왕복 압축기가 1주기에 수행한 일의 양은 p-v 도표에 선으로 포위된 _____을 측정하면 산출할 수 있다.

105 압축기의 소요 HP는 일정 시간 내에 수행한 일과 압축기의 기계적 효율에 따라 결정된다.
기계적 효율은 _____로부터 받은 HP에 대한 기체에 공급된 HP의 비를 말한다.

답 **101.** 그림 **102.** 거리 **103.** 힘 **104.** 면적 또는 공간 **105.** 원동기 또는 동륜

제3장 | 강제 변위 압축기의 원리(Principles of Positive Displacement Compressor)

106 이론상 취급하여야 할 기체의 용적에 대한 압축기의 실제에 있어서의 용량의 비를 압축기의 용적 효율(Volumetric efficiency)이라고 말한다.
용적 효율은 압축기의 (① 실제/이론) 용량에 대한 (② 실제/이론) 용량의 비를 말한다.

107 용적 효율이 감소함에 따라 압축기의 실제 용량은 (증가/감소)하게 된다.

108 높은 압축비에서는 많이 미끄러지기 때문에, 압축기가 (높은/낮은) 압축비하에서 조업되고 있을 때는 그 용적 효율이 커지는 경향이 있다.

109 p-v 도표상에서 A로부터 C까지의 거리(AC)는 피스톤이 운동하는 전장을 가리킨다.

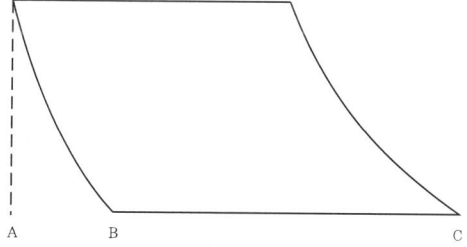

압축기로 기체가 실제로 흡입되는 행정은 거리 (AC/BC)로 표시된다.

110 거리 AC에 대한 거리 BC비는 용적 효율을 나타낸다.

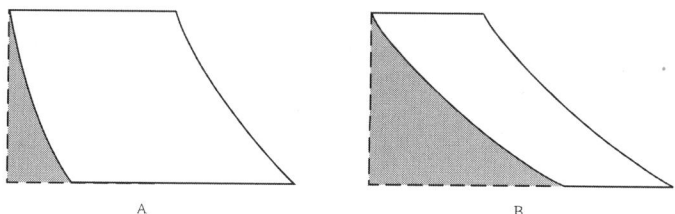

도표 (A/B)는 더욱 큰 용적 효율을 가리킨다.

답　**106.** ① 이론 ② 실제　**107.** 감소　**108.** 낮은　**109.** BC　**110.** A

111 압축기 (A/B)는 더욱 많은 일을 한다.

112 용적 효율이 감소함에 따라 압축기가 수행하는 일은 _____ 한다.

113 압축기가 일을 적게 수행하면 HP를 _____ 필요로 한다.

114 용적 효율은 압축기의 기계적 효율 또는 일 효율에 큰 영향을 주지는 않는다. 용적 효율이 감소함에 따라 _____ 효율은 크게 변화하지는 않는다.

115 용적 효율이 감소하면 아래와 같이 된다.
실제의 용량은 (① 감소한다/본질적으로 동일하게 유지된다).
소요 HP는 (② 감소한다/본질적으로 동일하다).
기계적 효율은 (③ 감소한다/본질적으로 같다).
기체의 MSCFD당 필요한 HP는 (④ 감소한다/본질적으로 같다).

답 111. A 112. 감소 113. 적게 114. 기계적 115. ① 감소한다 ② 감소한다
③ 본질적으로 같다 ④ 본질적으로 같다

제3장 | 강제 변위 압축기의 원리(Principles of Positive Displacement Compressor) 83

(1) 감속(Throttling)

116 때로 압축기를 통하는 유속 또는 용량을 바꾸어 줄 필요가 생긴다.

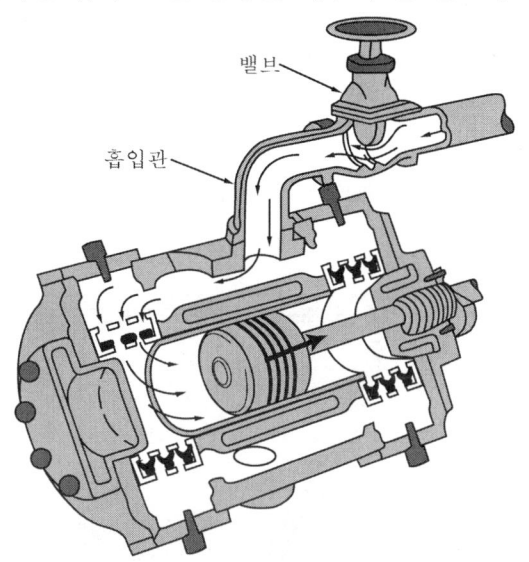

이때에는 흡입관을 감속시켜 목적을 달할 수 있다. 감속은 압축기의 흡입선에 달린 _____를 부분적으로 닫아주거나 또는 죄어주는 것이다.

117 흡입 차단 밸브를 _____시키면 기체는 압축기 속으로 적게 도입된다.

118 감속은 토출 압력에는 영향을 주지 않고 흡입 압력을 감소시키므로, 감속시키면 항상 압축비는 (커지게/작아지게) 된다.

119 이때의 압축비의 증가는 압축기의 HP 소요량을 _____시키는 경향이 있다.

120 그러나 감속은 또한 용적 효율을 감소시키므로 압축기의 용량을 _____시키게 된다.

답 **116.** 밸브 **117.** 감속 **118.** 커지게 **119.** 증가 **120.** 감소

121 이 용량 감소는 압축기의 소요 HP를 _____ 시키게 된다.

122 p-v 도표의 내부 면적은 HP 소요량을 가리킨다.
도표의 내부 면적이 크면 클수록 HP 소요량은 (커지게/작아지게) 된다.

123 아래의 p-v 도표는 세 가지 흡입 압력에 있어서의 압축기의 성능을 나타낸 것이다.

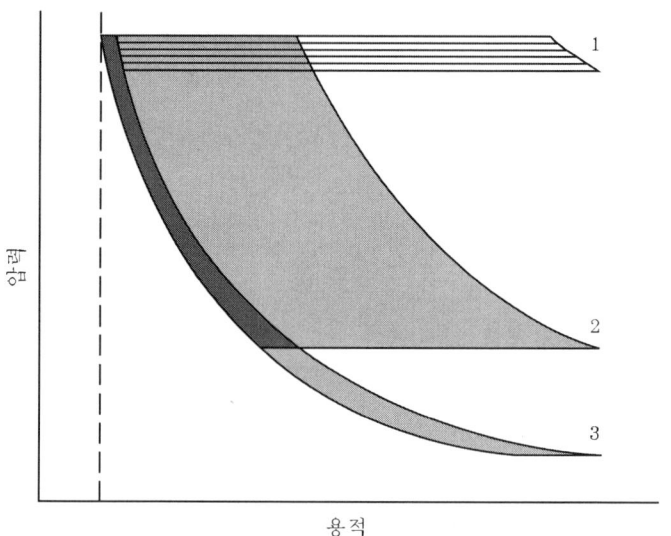

흡입 압력이 가장 큰 도표는 (1/2/3)이다.

124 압축기를 감속시키면 흡입 압력은 (증가/감소)한다.

125 도표 2는 압축 밸브가 열리기 전에 피스톤이 (많은/적은) 거리를 움직인다는 것을 가리킨다.

답 **121.** 감소 **122.** 커지게 **123.** 1 **124.** 감소 **125.** 많은

126 압축기를 감속시켰을 때는 기체를 압축기 속으로 흐르게 하는 피스톤의 운동 거리의 부분이, 압축기를 감속시키지 않았을 때보다도 (커지게/작아지게) 된다.

127 압축기를 감속시키면 더 (많은/적은) 양의 기체가 압축기를 거쳐 흐르게 된다.

128 도표 2에서 포위된 일의 면적(Work area)은 도표 1에서 포위된 일의 면적보다도 (크다/작다).

129 도표 2에서와 같이 압축기를 감속시키면 취급되는 기체의 용적은 작아지지만 필요한 마력은 _____.

130 도표 3은 흡입 압력을 더욱 (증가/감소)시켰을 때의 모양을 보여 준다.

131 도표 3은 압축기가 취급하는 기체의 용적이 (증가/감소)했다는 것을 가리킨다.

132 흡입 압력이 더욱 감소하여 도표 2에서 나타낸 압력 이하로 떨어지면 마력 소요량은 _____ 하게 된다.

133 이들 p-v 도표로부터 흡입 압력을 감소시켜 압축기를 감속시키게 되면 압축기를 통과하는 기체의 용적이 (증가/감소)한다는 것을 알 수 있다.

134 압축기를 처음에 감속시키면 마력 소요량은 (증가/감소)하게 된다.

답 126. 작아지게 127. 적은 128. 크다 129. 커진다 130. 감소 131. 감소 132. 감소
133. 감소 134. 증가

135 압축기를 더욱 감속시켜 주면 마력 소요량은 (계속하여 증가/최댓값에 도달)한다.

136 더욱더 압축기를 감속시켜 주면 마력 소요량은 (증가/감소)하게 된다.

137 압축비가 작을 때는(약 2.0 이하) 감속은 동력 소요량을 크게 해 주는 작용을 한다.
압축비가 약 2.5보다 (클/작을) 때는 감속은 동력 소모량을 감소시키게끔 작용한다.

138 압축비가 ___①___ 과 ___②___ 사이에 있을 때, 감속은 보통 동력 소요량에 별로 영향을 주지 않는다.

139 압축기를 떠나는 기체의 온도는 흡입 온도, 기체의 종류 및 압축비의 값에 따라 결정 된다.
감속은 언제나 압축비를 크게 해 주므로, 감속시키면 언제나 토출 기체의 온도를 _____시키게끔 작용한다.

140 탄화수소를 취급하고 있는 대부분의 압축기로부터 나오는 기체의 최고 허용 토출 온도는 보통 350°F로 규정되어 있다.
감속시켜 기체의 온도가 최고 허용 _____ 이상으로 상승하게 될 때는 감속시켜 주어서는 안 된다.

141 감속시키면 대기 속의 공기가 압축기로 도입되어 부분 진공(Partial vacuum)을 만드는 수가 있다.
탄화수소는 _____ 존재하에 점화될 수 있으므로, 감속시킬 때는 흡입계에서 공기가 새는 곳이 있어서는 안 된다.

답 **135.** 최댓값에 도달 **136.** 감소 **137.** 클 **138.** ① 2.0 ② 2.5 **139.** 상승
140. 토출 온도 **141.** 공기 또는 산소

제3장 | 강제 변위 압축기의 원리(Principles of Positive Displacement Compressor) 87

142 감속은 항상 압축비를 증가시키고 또 동력 소요량을 증가시킬 수도 있으므로, 감속은 보통 유량을 조절해 주는 (영구적인/일시적인) 방법으로 이용된다.

143 감속은 (효율적인/비효율적인) 조절 방법이다.

(2) 간극(間隙)에 의한 조절(Control by Clearance)

144 각 압축 행정의 마지막에는 실린더 내의 간극 속에 기체의 일부가 남는다.

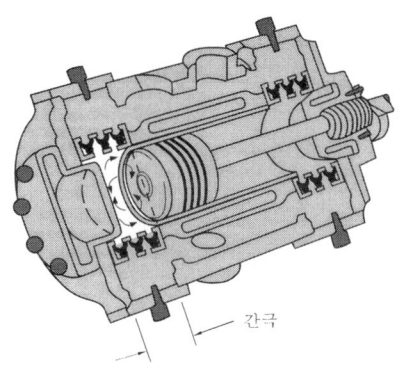

간극은 밸브 구석(Recesses)의 공간과 행정의 (처음/마지막)에 피스톤과 실린더단 사이에 존재하는 공간을 합한 것이다.

145 후진 행정에서 이 간극이 기체는 피스톤에 대하여 팽창한다.

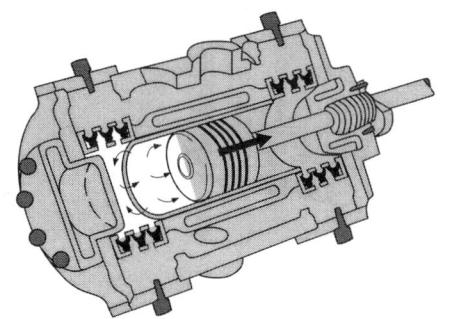

이때의 팽창으로 인한 에너지는 후진 행정의 힘을 (증가/감소)시킨다.

답 **142.** 일시적인 **143.** 비효율적인 **144.** 마지막 **145.** 증가

146 주기의 압축 행정에서 압축기는 간극의 기체에 대하여 일을 하게 된다. 그러나 후진 행정에서 간극의 기체는 팽창하여 받은 일을 _____에 되돌려 주게 된다.

147 간극 기체에 소비된 모든 일은 압축기로 되돌려 주게 되므로, 왕복 압축기의 간극의 크기는 일정한 MSCFD의 기체를 압축시키는 데 필요한 동력량에 영향을 (미친다/미치지 않는다).

148 그러나 압축기의 용적 효율은 간극의 크기에 따라 영향을 받게 된다. 간극이 증가함에 따라 용적 효율은 (증가/감소)한다.

149 용적 효율이 감소함에 따라 실제의 용량은 (증가/감소)한다.

150 왕복 압축기의 용량은 실린더 내의 _____의 크기를 변화시켜 줌으로써 조절할 수 있다.

151 아래의 p-v 도표는 간극 포켓(Clearance pocket)을 가진 압축기의 성능을 나타낸 것이다.

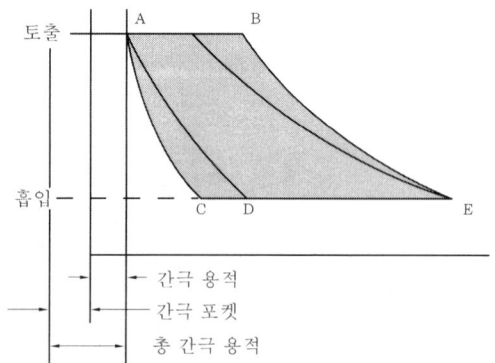

간극 포켓이 닫혀 있을 때에 압축기가 수행한 일은 (사선을 친/사선을 치지 않은) p-v 도표의 부분으로 포위된 면적이다.

---

146. 압축기 또는 피스톤 **147.** 미치지 않는다 **148.** 감소 **149.** 감소 **150.** 간극
151. 사선을 치지 않은

제3장 | 강제 변위 압축기의 원리(Principles of Positive Displacement Compressor) 89

152 간극 포켓이 닫혔을 때는, 압축기 내의 기체는 도표상의 _____점에서 흡입 압력에 달한다.

153 압축기 속으로 유입하는 기체의 양은 (CD/CE)선으로 표시된다.

154 간극 포켓이 열리게 되면, 추가로 도입된 기체가 실린더 내에서 팽창하여 흡입 밸브가 피스톤 행정에서 (처음으로/나중에) 열리게 된다.

155 간극 포켓이 열려 있을 때는, 흡입 밸브는 도표상의 _____점에서 열린다.

156 이때에 압축기로 유입하는 기체의 양은 도표상에서 (CE/DE)선으로 표시된다.

157 간극 포켓을 열어주면 압축기가 취급하는 기체의 양이 (증가/감소)하게 된다.

158 간극 포켓이 닫혔을 때, 토출 압력까지 기체의 압력을 증가시키기 위해서는 피스톤이 도표상에서 E점으로부터 _____점으로 옮겨져야 한다.

159 간극 포켓이 열렸을 때는 추가로 도입된 기체의 양을 압축시켜야 한다. 더 많은 기체의 양을 토출 압력까지 올리기 위해서는, 피스톤은 더욱 (긴/짧은) 거리를 움직여야 한다.

답 **152.** C **153.** CE **154.** 나중에 **155.** D **156.** DE **157.** 감소 **158.** B **159.** 긴

160 기체를 압축시키기 위해서는 피스톤은 p-v 도표상에서 E점으로부터 _____점으로 움직여야 한다.

161 p-v 도표에서 사선을 친 면적은 간극 포켓을 (열고/닫고) 압축기가 수행한 일을 나타낸다.

162 간극 포켓을 열고 기체를 압축시키는 데는 더 (많은/적은) 마력이 필요하게 된다.

163 p-v 도표에서 보면 간극 포켓을 추가해 주면 용적 효율이 (증가/감소)된다는 것을 알 수 있다.

164 간극 포켓은 압축기의 용량을 (① 증가/감소)시키고 또 마력 소요량을 ___②___ 시키게끔 작용한다.

165 아래의 p-v 도표는 과잉 간극 용적을 가진 압축기에 대한 것이다.

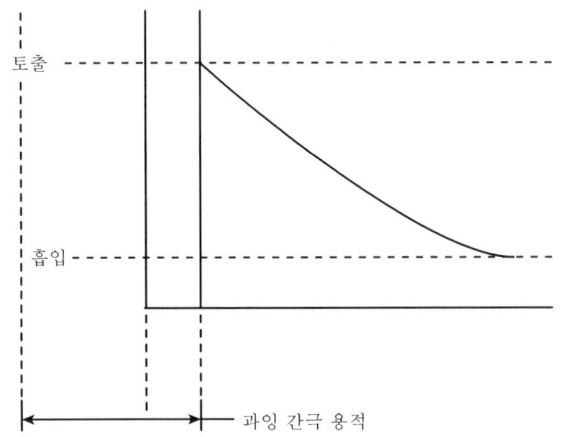

피스톤이 흡입 행정에서 움직임에 따라 간극 기체는 _____한다.

---

160. A **161.** 열고 **162.** 적은 **163.** 감소 **164.** ① 감소 ② 감소 **165.** 팽창

166 기체가 팽창함에 따라 그 압력은 _____한다.

167 p-v 도표를 보면, 피스톤이 멀리 끝까지 움직였을 때도 압력은 흡입 압력에 (달하고/달하지 않고) 있다.

168 따라서 흡입 밸브는 (열린다/열리지 않는다).

169 신선한 기체가 실린더 속으로 흘러 (들어간다/들어가지 않는다).

170 압축 행정에서 간극 기체는 _____된다.

171 실린더 내의 압력은 _____한다.

172 p-v 도표를 보면, 피스톤이 멀리 끝까지 움직였을 때에 압력이 토출 압력에 (달한다/달하지 못한다)는 것을 알 수 있다.

173 기체는 (토출된다/ 토출되지 않는다.)

174 이러한 상태를 "차단(Shut off)"이라고 한다.
차단 상태는 과잉 _____에 의해 초래된다.

175 차단 상태가 초래되면, 기체는 실린더로 (출입한다/출입하지 않는다).

---

166. 감소 **167.** 달하지 않고 **168.** 열리지 않는다 **169.** 들어가지 않는다
170. 압축 **171.** 증가 **172.** 달하지 못한다 **173.** 토출되지 않는다 **174.** 간극 용적
175. 출입하지 않는다

176 차단 상태가 일어났을 때는, 실린더의 용적은 0이고 또 용적 효율은 _____%이다.

177 차단 상태에서 압축기는 일을 (조금 한다/전혀 하지 않는다).

178 차단 상태가 일어나면 실린더는 과열되기 쉽고, 단시일 내에 손상될 수 있다. 차단 상태는 일어나게 (하여야 한다/해서는 안 된다).

179 용량을 간극으로 조절해 주면 동력이 낭비되지 않는다.
MSCFD당 마력 소요량은 어떤 _____ 이 사용되어도 동일하게 유지된다.

180 압축비가 증가함에 따라 간극의 사용은 더욱 효과적으로 된다.
간극이 증가함에 따라 원동기 또는 동륜에 대한 부하는 (증가/감소)하게 된다.

181 압축기가 과부하될 때는, 간극의 크기를 증대시켜 과부하(Overload)를 감소시킬 수 (있다/없다).

182 간극은 용량을 감소시키는 것과 동일한 양만큼 HP를 감소시키므로, 간극 조절은 왕복 압축기를 조절해 주는 효과적인 방법이 (된다/되지 못한다).

답 **176.** 0 **177.** 전혀 하지 않는다 **178.** 해서는 안 된다 **179.** 간극 **180.** 감소
181. 있다 **182.** 된다

제3장 | 강제 변위 압축기의 원리(Principles of Positive Displacement Compressor) 93

183 아래의 압축기에는 고정 용적형 간극 포켓(Fixed-volume clearance pocket)이 달려 있다.

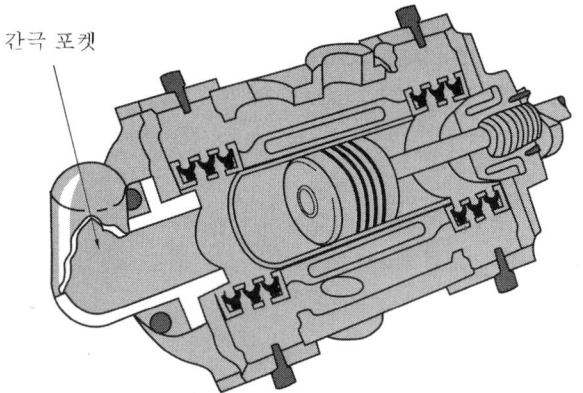

간극 포켓은 (언제나/때로) 작동한다.

184 고정 용적형 간극 포켓은 조업원이 조정해 줄 수 (있다/없다).

185 아래의 그림은 수동식 고정 용적형(Hand-operated fixed-volume : HOFV) 간극 포켓을 나타낸 것이다.

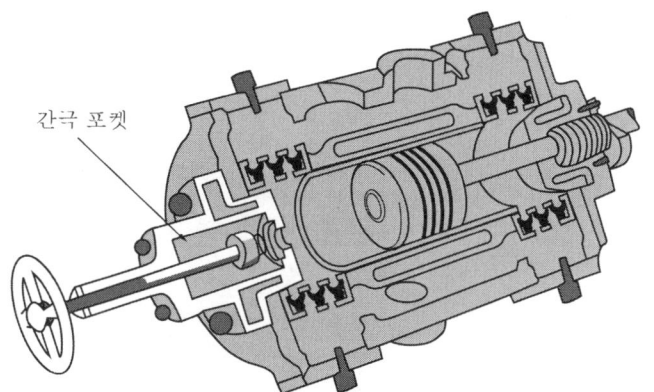

HOFV 간극 포켓을 (사용할 수 있다/사용하여야 한다).

답 183. 언제나 184. 없다 185. 사용할 수 있다

186 밸브를 사용하여 필요시에는 일정량의 _____을 첨가시킬 수 있다.

187 어떤 실린더에서는, 여러 가지 형식의 간극 포켓을 실린더 속으로 나사로 고정시키거나 또는 플랜지로 달아주게 되어 있는 것도 있다.

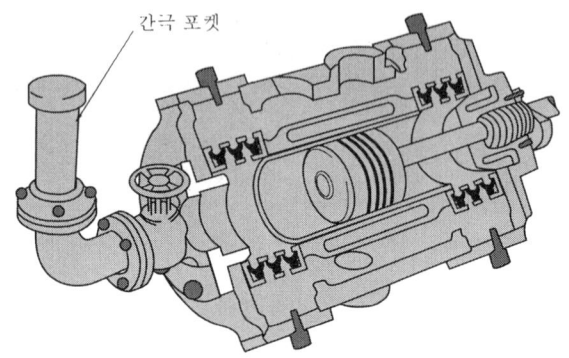

일단 장치에 주면, 이러한 형식의 포켓은 (가변의/일정한) 용적을 갖게 된다.

188 간극의 양은 _____의 크기를 변화시켜 바꿀 수 있다.

189 아래의 압축기에는 가변식 간극 포켓(Variable-clearance pocket)이 달려 있다.

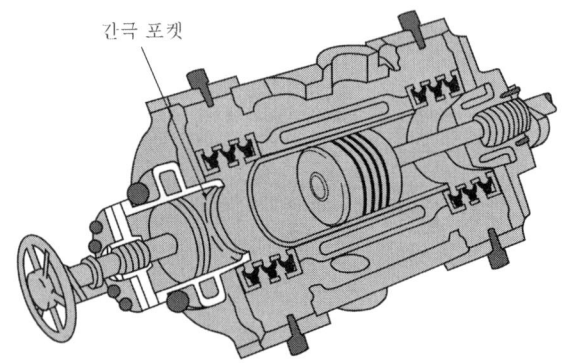

핸들 바퀴(Handwheel)를 사용하여 간극의 양을 필요한 대로 _____해 줄 수 있다.

답 **186.** 간극 **187.** 일정한 **188.** 포켓 **189.** 조정

제3장 | 강제 변위 압축기의 원리(Principles of Positive Displacement Compressor) 95

190 가변식 간극 포켓의 크기는 압축기가 조업되고 있는 동안에 조정해 줄 수 (있다 /없다).

191 아래의 그림에서 네 가지의 간극 포켓을 비교하여라.

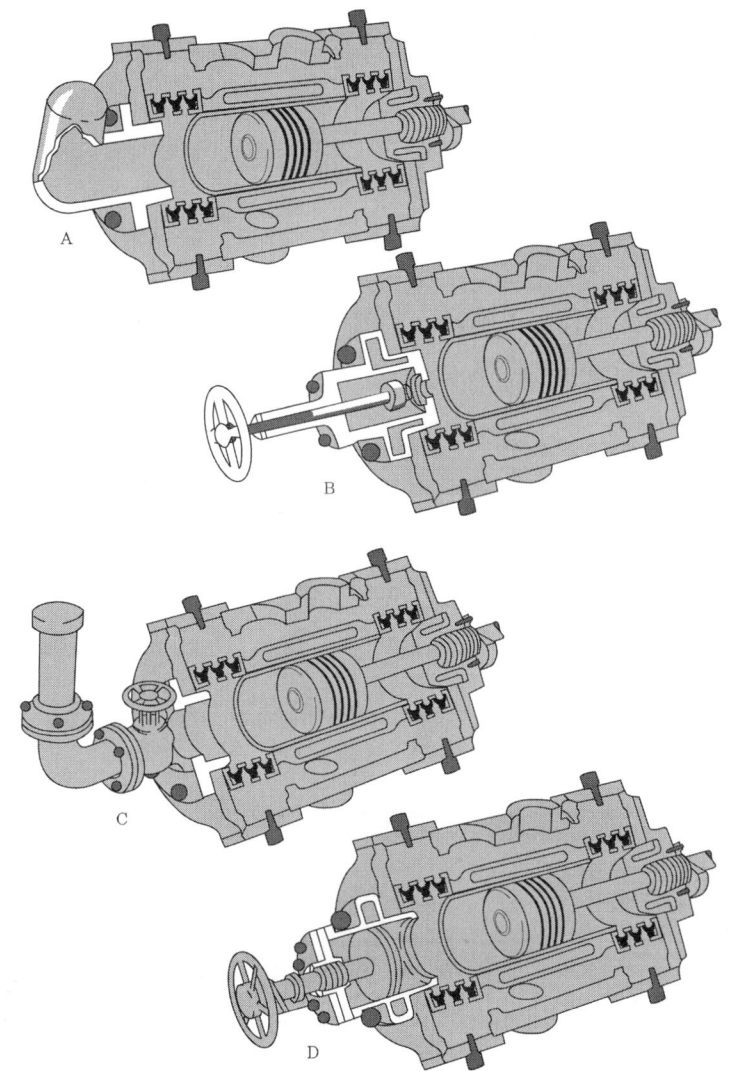

포켓 (A/B/C/D)는 일정한 용적을 갖는다.

답 **190.** 있다 **191.** A, B, C

192 포켓 (A/B/C/D)는 수동식이다.

193 가변식 간극 포켓은 (A/B/C/D)이다.

(3) 부하 경감(Unloading)

194 정상적인 압축 주기에 있어서는, 압축 행정이 시작될 때에 흡입 밸브 및 토출 밸브는 모두 (열려/닫혀) 있다.

195 압축 행정에서 흡입 밸브의 원판(Disc)이 열리게 되어 있다고 가정하자. 그러면 기체가 열린 밸브를 거쳐 _____ 기체 재킷 속으로 거꾸로 흘러 들어가게 된다.

196 부하가 걸려 있지 않은 흡입 밸브가 달린 실린더의 단부로부터는 기체가 (일부만 토출된다/조금도 토출되지 않는다).

197 아래에 나타난 흡입 밸브에 대한 부하 경감 장치(Unloader)는 수동식으로 작동된다.

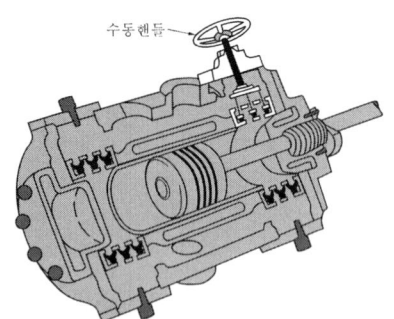

수동 핸들을 돌리면 흡입 밸브의 원판을 _____ 시트로부터 떨어지게 한다.

---

192. B, C, D **193.** D **194.** 닫혀 **195.** 흡입 **196.** 조금도 토출되지 않는다
197. 밀어

198 수동 핸들 대신에 자동식 부하 경감 장치에서는 스프링을 끼운 격막(Diaphragm)을 이용하고 있다.

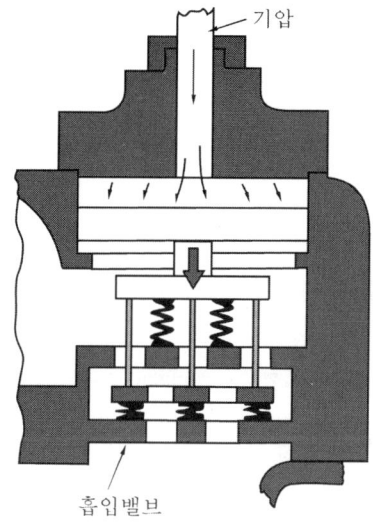

격막을 누르면 압축기의 단부에 대한 부하가 (걸린다/없어진다).

199 자동식 부하 경감 장치(Automatic unloader)는 흡입 압력 또는 토출 압력으로 조절해 줄 수 있다.

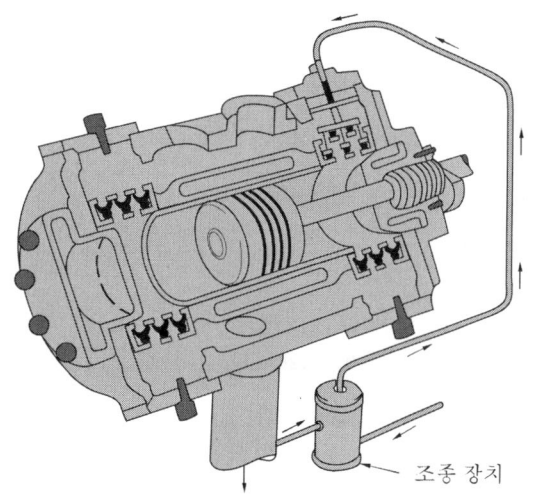

위의 부하 경감 장치는 _____관에 있는 조종 장치(Pilot)로부터 조절기(Controller)를 거쳐 작동된다.

답 **198.** 없어진다 **199.** 토출

200 그렇지 않으면 부하 경감 장치는 압축기의 흡입관에 있는 _____를 사용하여 조절해 줄 수도 있다.

201 공기식 조절기(Pneumatic controller)는 _____에 대한 공기의 공급을 조절한다.

202 부하 경감 장치를 사용하면, 기체가 흡입 기체 재킷 속으로 억지로 다시 밀릴 때 동력의 감손이 매우 작다.
일반적으로 실린더의 한쪽 끝에 대한 부하를 없애주면, 그 끝에 대한 _____ 소요량은 필요없게 된다.

203 같은 실린더의 양쪽 끝에 대한 부하를 없애주면, 실린더가 과열하게 된다.
복동식 압축기의 실린더는 그 (양쪽 끝의/한쪽 끝만의) 부하를 없애주는 것이 가장 좋다.

204 다중 실린더식 압축기의 한쪽 끝에 있는 밸브의 한 개만 부하를 없애주는 것이 가장 좋다.
가능할 때는 다중 실린더식 압축기의 한쪽 끝에 있는 (모든/몇 개의) 흡입 밸브에 대한 부하를 없에주어야 한다.

205 흡입 밸브에 대한 부하를 경감시키려면 다음과 같이 한다. 단일 실린더의 (① 한쪽 끝에/양쪽 끝에) 대한 부하를 경감시킨다. 패킹부(Packing)에서의 압력 및 온도를 감소시키고, (② 두단부/크랭크단부)에 대한 부하를 경감시킨다. 다중 실린더식 압축기의 일단에 있는 (모든/몇 개의) 두단부 흡입 밸브의 부하를 경감시킨다.

답 200. 조정 장치 201. 부하 경감 장치 202. 동력 또는 HP 203. 한쪽 끝만의
204. 모든 205. ① 한쪽 끝에 ② 두단부 ③ 모든

206 왕복 압축기의 실린더에 대한 부하는, 실린더로부터 한 개의 흡입 밸브를 제거해 주면 약 반이 경감된다.
흡입 밸브의 제거는 압축기에 밸브에 대한 부하 경감 장치가 달려 있지 않을 때, 용량을 (잠정적으로/장기적으로) 감소시켜 주는 데 이용되는 방법이다.

207 용량을 부하 경감에 의해 조절해 줄 때는 단계적으로 변화한다. 지금 두 개의 복동식 압축기의 실린더가 있는데, 각 실린더의 크랭크단부에 흡입 밸브 부하 경감 장치가 달려 있다고 가정한다. 한 개의 밸브에 대한 부하를 없애주면 압축기는 총 용량의 (50%/75%/100%)로 조업하게 된다.

208 두 개의 크랭크단부 밸브에 대한 부하를 없애주면, 압축기는 _____%의 용량으로 조업하게 된다.

209 각 실린더의 양단에 모두 부하를 _____ 100%의 용량으로 조업하게 된다.

210 부하 경감은 항상 압축기의 HP 소요량을 (증가/감소)시킨다.

(4) 속도 조절 (Control of Speed)

211 압축기의 용량을 변화시켜 주는 또 하나의 방법은 압축기의 속도를 _____시켜 주는 것이다.

212 대부분의 경우에 있어서 부하가 걸려 있는 내연 기관의 속도는, 그 평가된 속도의 75%와 100% 사이에서 변화시킬 수 있다.
동륜(Driver)의 속도를 감소시키면 소비되는 연료의 양이 감소되므로, 동륜의 속도를 감소시키면 조업비가 (증가/감소)된다.

---

206. 장기적으로 **207.** 75% **208.** 50 **209.** 걸어주면 **210.** 감소 **211.** 변화 **212.** 감소

213 엔진(Engine)으로 구동되는 압축기에서는 동륜의 속도를 조절하는 것은 보통 압축기의 용량 또는 속도를 조절해 주는 효과적인 방법(이다/이 아니다).

214 다수의 엔진 구동식 압축기에서 동륜의 속도는 자동적으로 조정될 수 있게 되어 있다.

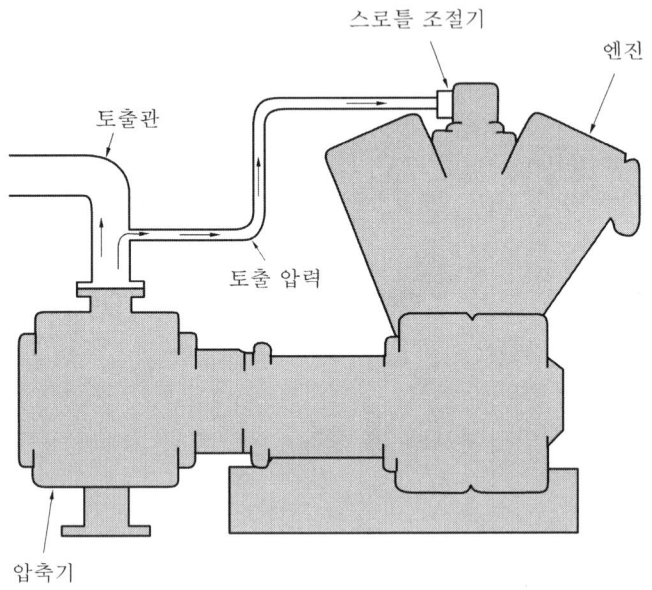

위의 그림에서 조절기는 엔진의 _____을 조절함으로써 엔진 속도를 조정하게 되어 있다.

215 토출관 내의 압력이 떨어지면 스로틀(Throttle) 조절기는 엔진 속도를 (증대/감소)시킨다.

216 조절기는 압력의 변화에 따라 작동하거나, 또는 유속의 변화에 따라 작동하게 된다.
조절기는 압축기의 토출관 내에서 압력을 일정하게 유지하거나 또는 _____을 일정하게 유지해 준다.

답 213. 이다 214. 스로틀 215. 증대 216. 유속

제3장 | 강제 변위 압축기의 원리(Principles of Positive Displacement Compressor) 101

217 변화가 필요할 때는, 동륜의 속도가 증대하거나 감소하여 압력 또는 유속(Flow rate)이 _____에서 조정해 준 수준에 이르게 된다.

218 조절기는 동륜의 _____를 자동적으로 조정해 줌으로써 유속을 조절하게 된다.

219 대부분의 전기 모터(Electric motor)는 항속 동륜이다.
가변 속도식 _____를 사용하는 것은 보통 경제적이 아니다.

220 동륜의 속도를 변화시켜 조절하는 방법은 보통 동륜이 (전기 모터/엔진)일 때만 쓰인다.

221 대부분의 강제 변위 압축기(Positive displacement compressor)는 저속 내지는 중간 정도의 속도로 작동하게 되어 있다. 터빈(Turbine)은 고속의 동륜이다.
터빈을 강제 변위 압축기의 동력으로 사용할 때에는, 터빈의 속도를 (증가/감소)시켜 주어야 한다.

222 터빈으로 동력을 공급해 준 압축기와 모터 및 엔진으로 동력을 공급해 준 압축기의 일부는 변속 장치를 거쳐 구동된다.

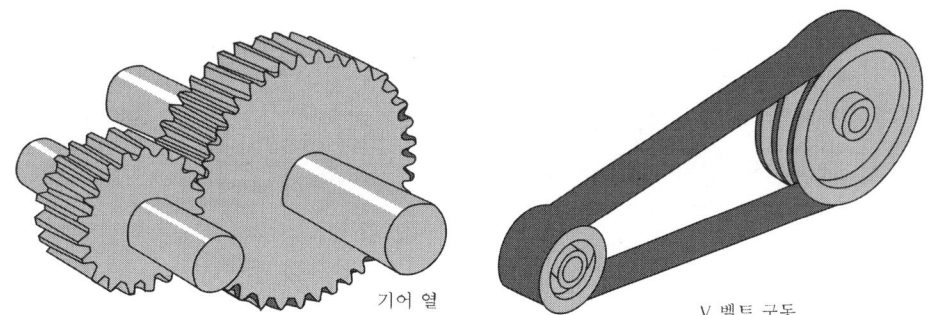

기어 열   V 벨트 구동

작은 기어(Gear) 또는 활차(Sheave)가 한 바퀴 회전할 때에, 큰 기어 또는 활차는 한 바퀴보다 (많이/적게) 회전한다.

답 **217.** 조절기 **218.** 속도 **219.** 전기 모터 **220.** 엔진 **221.** 감소 **222.** 적게

223 속도를 감소시키는 데는 작은 기어를 터빈축(Turbine shaft)에 고정시키고, 또 큰 기어는 _____의 크랭크축(Crank shaft) 또는 동륜측(Drive shaft)에 고정시킨다.

224 설계 한계 내에서 압축기의 속도는 기어 또는 V벨트 활차의 크기를 _____시킴으로써 변화시킬 수 있다.

225 아래의 V벨트를 보아라.

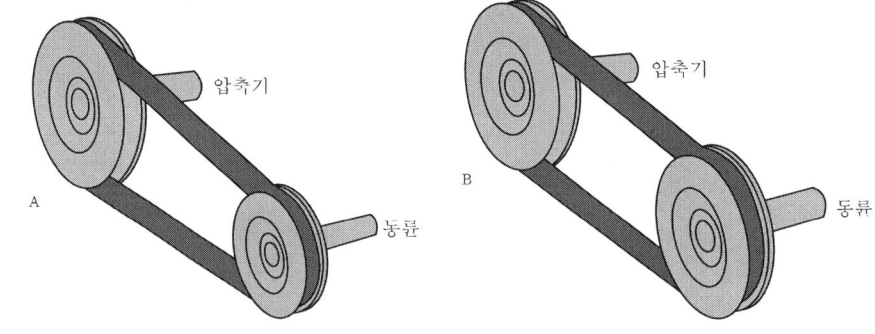

감속은 (A/B)쪽이 더욱 크다.

226 더 (① 큰/작은) 활차를 동륜측에 고정시키거나 또는 더 (② 큰/작은) 활차를 압축기의 축에 고정시키면, 압축기의 회전 속도는 더욱 느리게 된다.

227 한계 내에서는 벨트로 구동되는 압축기의 속도는 _____의 크기를 변화시켜 줌으로써 변화시킬 수 있다.

---

223. 압축기　**224.** 변화 또는 조정　**225.** A　**226.** ① 작은 ② 큰　**227.** 활차

228 토크는 축을 회전시키는 데 주어진 비트는 힘을 말하며, 그 크기는 거리에 힘을 곱해 준 값(Inch-pounds 또는 Foot-pounds)으로 나타낸다.

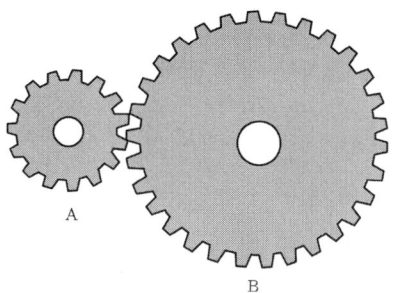

기어 A와 기어 B는 동일한 힘을 받고 있으나, B의 지렛대가 A의 지렛대보다 (길기/짧기) 대문에 축 B는 더 큰 토크를 받게 된다.

229 축 A는 더 큰 (속도/토크)를 갖는다.

230 축 B는 더 큰 (속도/Torque)를 갖는다.

231 기어열(Gear train)과 벨트 구동 장치(Belt drive)가 동륜으로부터의 속도를 감소시킴에 따라, 압축기의 축으로 전달되는 토크를 _____시키게 된다.

232 강제 변위 압축기가 필요로 하는 최고 토크의 값은 압축기의 구조 및 조업 조건에 따라 결정된다.

동륜이 압축기가 필요로 하는 _____를 전달하지 못할 때 동륜은 속도를 잃거나 또는 정지하게 된다.

답 228. 길기 229. 속도 230. 토크 231. 증가 232. 토크

233 모든 엔진 속도에 있어서, 엔진이 전달할 수 있는 토크의 크기에는 상한이 있다.
기어의 조건이 같을 때는, 엔진은 (고속/저속)으로 조업되고 있을 때에 더욱 큰 토크를 전달할 수 있다.

234 변속 장치를 거쳐 압축기로 동력이 공급되고 있을 때는 오버토크는 엔진 속도를 일정하게 유지해 준 채로 활차 또는 기어를 조정하여 압축기의 속도를 변화시키든지, 또는 압축기의 속도를 일정하게 유지한 채로 동륜의 속도를 증가시켜 줌으로써 교정해 줄 수 있다.
이것은 자동차가 언덕을 올라갈 때에 기어를 바꾸어 넣어 토크를 (증가/감소)시키는 것과 동일한 원리이다.

235 원동기 또는 동륜의 속도를 느리게 하는 것은 오버토크를 고쳐 주는 데 도움이 되지 못한다.
엔진 또는 그 밖의 원동기의 속도를 느리게 하면, HP가 (많이/적게) 생기고 가용 토크는 덜 고르게 전달된다.

236 엔진 속도를 감소시키는 것은 오버토크를 교정해 (준다/주지 못한다).

답 **233.** 고속 **234.** 증가 **235.** 적게 **236.** 주지 못한다

4. 복습 및 요약(Review and Summary)

237 기체의 양을 옮겨줌으로써 기체의 압력을 증가시키는 압축기를 _____ 압축기라고 한다.

238 큰 압축비를 사용하여 조업할 때는 보통 (회전/왕복) 압축기를 사용한다.

239 압축기의 성능은 _____ 도표를 보고 분석할 수 있다.

240 강제 변위 압축기의 용량을 조절하는 기본 방법은 다음과 같다.
동륜의 ___①___ 를 조절해 준다.
흡입관 내의 밸브를 ___②___ 시킨다.
흡입 밸브에 대한 ___③___ 를 사용하여 압축기의 부하를 경감한다.
왕복 압축기에서 실린더 내의 ___④___ 의 크기를 조절해 준다.

241 원동기 또는 동륜의 속도를 감소시키는 것은 오버토크를 교정해 (준다/주지 못한다).

242 압축비가 2.5보다 클 때는 흡입관을 감속시키면 HP 소요량을 (증가/감소)시킨다.

답 **237.** 강제 변위 **238.** 왕복 **239.** 압력-용적 **240.** ① 속도 또는 RPM ② 감속 ③ 부하 경감 장치 ④ 극간 **241.** 주지 못한다 **242.** 감소

243 아래의 압축기는 흡입 밸브에 대한 부하 경감 장치와 간극 포켓을 겸용하여 조절해 줄 수 있다.

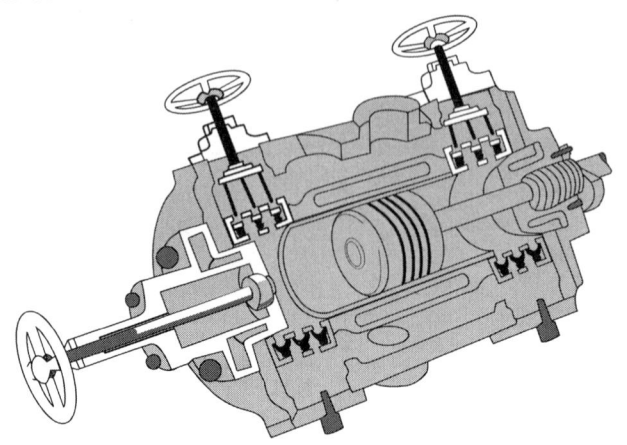

간극 포켓을 닫아준 상태에서 흡입 밸브가 정상적으로 작동되고 있으면 실린더는 평가된 용량의 _____%로 조업한다.

244 간극 포켓이 두단부 용량을 1/2만큼 감소시킨다고 가정하자. 이때에 크랭크단부에 대한 부하는 걸어주고 간극 포켓을 열어주면 실린더의 용량은 (25%/75%)가 된다.

245 두단부에 대한 부하를 (걸어주면/없애주면) 실린더는 50%의 용량으로 조업하게 된다.

246 크랭크단부에 대한 부하를 없애주고 간극 포켓을 _____ 용량을 25%까지 감소시킬 수 있다.

247 이러한 압축기는 네 가지 단계로 조절해 줄 수 있다.
이 압축기는 전 용량의 ____①____%, ____②____%, ____③____% 또는 ____④____%인 네 가지 용량으로 조업할 수 있다.

답 **243.** 100 **244.** 75% **245.** 없애주면 **246.** 열어주면 **247.** ① 25 ② 50 ③ 75 ④ 100

248 흡입 밸브 부하 경감 장치는 일련의 간극 포맷과 함께 사용할 수 있으며, 그 조정 및 조업은 수동적이거나 또는 자동적으로 해 줄 수 있다.
왕복 압축기에서, 흡입 밸브 부하 경감 장치와 함께 _____에 대한 조정을 겸용하면 조절 범위가 융통성을 가지게 된다.

답 248. 간극

CHAPTER 04

왕복 압축기의 구조
(Construction of Reciprocating Compressor)

001 왕복 압축기에서, 기체는 _____의 왕복 운동에 의하여 압축된다.

002 피스톤은 실린더의 내부에서 왕복 운동을 한다.

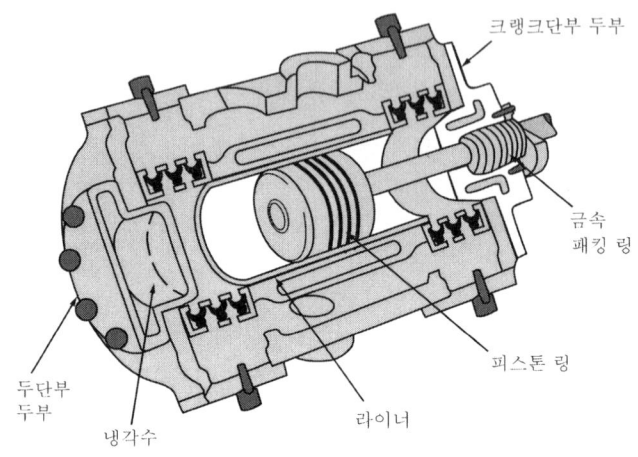

수리시에는 실린더에 _____을 달아준다.

003 실린더의 양단에는 떼어낼 수 있는 두부(Head)가 달려 있다. 이들 두부 속에는 냉각용 _____이 들어 있게 된다.

004 크랭크단 두부에는 한 벌의 금속 _____이 들어 있다.

005 이 패킹 링(Packing ring)은 _____의 주위에서 기체가 새지 않게 해 준다.

답 1. 피스톤 2. 라이너 또는 슬리브 3. 물 또는 액체 4. 패킹 링 5. 피스톤 봉

제4장 | 왕복 압축기의 구조(Construction of Reciprocating Compressor) 111

006 아래의 그림은 압축기에 크랭크축을 연결시키는 조립품을 나타낸 것이다.

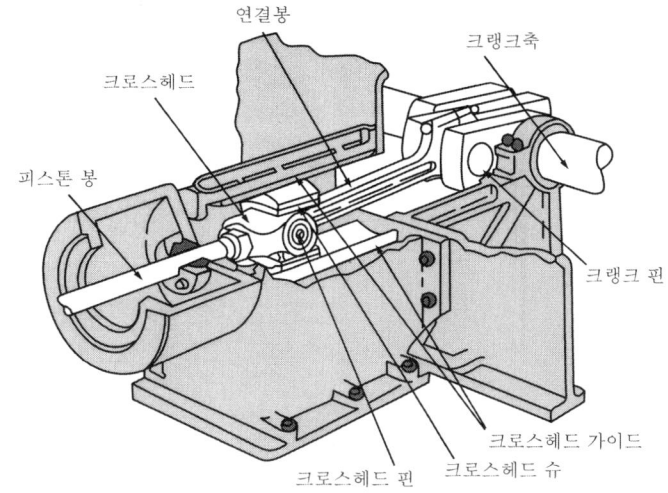

피스톤 봉(Piston rod)은 _____에 꽉 끼워져 있다.

007 크로스헤드는 피스톤 봉을 _____에 연결시키고 있다.

008 크로스헤드에는 _____ 안에서 크로스헤드를 앞뒤로 활동할 수 있게 해 주는 배빗 합금으로 된(Babitted) 슈(Shoe)가 달려 있다.

009 연결봉은 _____에 의해 움직인다.

010 크랭크축이 회전함에 따라 연결봉은 (회전/왕복)하게 된다.

011 회전 운동은 크랭크축, 연결봉 및 크로스헤드에 의해 _____ 운동으로 변화된다.

답 6. 크로스헤드 7. 연결봉 8. 크로스헤드 가이드 9. Crank shaft
    10. 왕복 11. 왕복

1. 압축기의 장치(Compressor Unit)

12 다중 실린더식 압축기에서는 같은 틀 위에 여러 개의 실린더가 달려 있다. 각 개의 압축기 피스톤은 같은 _____을 통하여 동력이 공급된다.

13 아래의 그림은 평형 대칭형(Balanced-Opposed) 압축기이다.

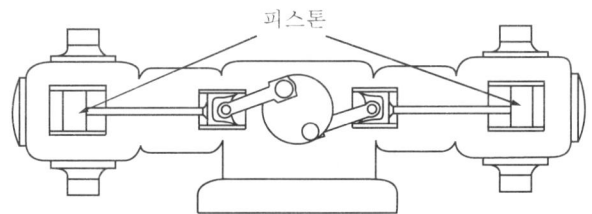

각 피스톤의 운동은 그 (옆/반대쪽) 피스톤의 운동과 평형을 이루게끔 크랭크가 조정되어 있다.

14 평형 대칭형 장치는 흔히 외부에서 구동시켜 준다.
압축기의 크랭크축은 엔진 또는 전기 _____의 축에 연결시킬 수 있다.

15 또는 압축기는 V벨트 구동 장치를 거쳐 엔진으로 구동시키거나 또는 모터로 구동시킬 수 있으며, 또는 감속 _____를 거쳐 모터로 구동시키거나 또는 터빈으로 구동시킬 수 있다.

16 전체의 장치는 엔진 및 압축기와 함께 같은 틀 위에 설치된다.
이들은 같은 크랭크축을 함께 나누고 있다.
에너지는 함께 나누고 있는 한 개의 크랭크축을 통하여 ___①___ 피스톤으로부터 ___②___ 피스톤으로 전달된다.

답 12. 크랭크축 13. 반대쪽 14. 모터 15. 기어 16. ① 엔진 또는 동력 ② 압축기

17 조립된 전체의 장치에 있어서, 압축기의 실린더는 보통 수평으로 설치해 준다.

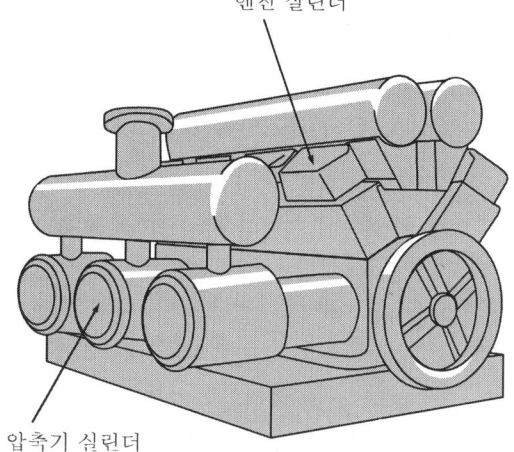

____①____의 실린더는 ____②____의 실린더에 대하여 수직 방향 또는 V자형 각도를 유지하게 해 준다.

17. ① 엔진 ② 압축기

2. 세부 구조(Construction Details)

(1) 압축기의 밸브(Compressor Valve)

18 격무용 왕복 압축기에는 주로 플레이트 밸브 형식의 것이 사용된다.

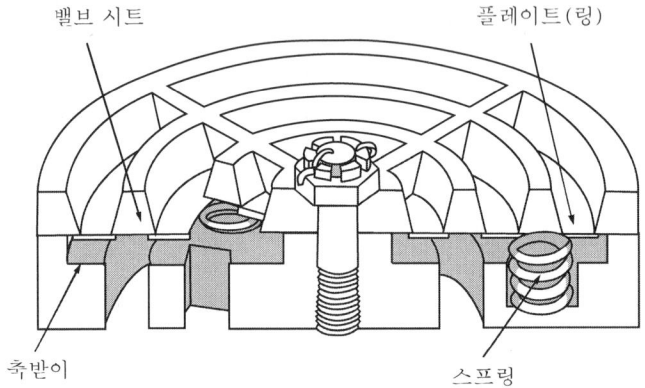

밸브 시트를 누르고 밸브가 닫히는 부품은 편편한 금속 _____이다.

19 플레이트는 한 개 또는 몇 개의 고리 모양으로 되어 있거나, 또는 거미줄과 같이 연결된 고리 모양으로 되어 있다.
플레이트는 한 벌의 _____을 사용하여 가볍게 시트를 누르게 되어 있다.

20 밸브가 열리기 위해서는, 플레이트를 올려주는 기체의 압력이 플레이트 뒷면의 기체의 압력 및 _____의 약한 장력을 이겨내야 한다.

21 조업 중 밸브가 쾅 하고 닫히거나 또는 흔들리는 경향이 있을 때는, 밸브 스프링의 _____을 변화시켜 흔히 조절해 줄 수 있다.

답 18. 플레이트 19. 스프링 20. 스프링 21. 장력

022 채널 밸브는 편편한 플레이트 대신에 홈 모양의 플레이트를 사용한다.

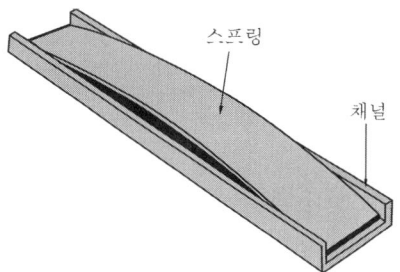

각 홈의 위에는 굽은 강철제의 장력 _____이 붙어 있다.

023 스프링은 축받이(Stop plate)로부터 떠밀리게 된다.

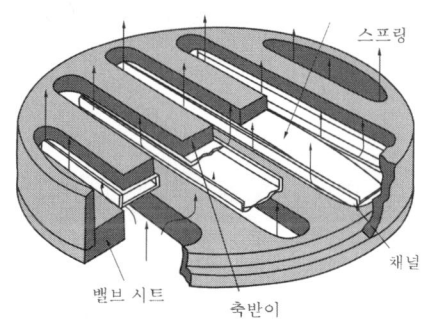

홈은 _____에 있는 구멍을 덮게 된다.

024 포핏 밸브는 자동차의 엔진 속에 있는 밸브와 같은 모양을 하고 있다.

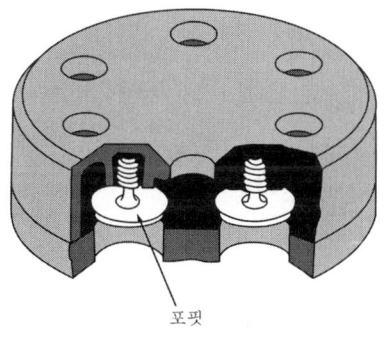

이들 밸브는 밸브 시트에 있는 구멍을 눌러 막아주는 데 각각 분리된 둥근 _____을 사용한다.

답 **22.** 스프링 **23.** 밸브 시트 **24.** 포핏

25 포핏은 보통 베이클라이트(Bakelite : 합성 수지) 또는 그 밖의 마찰이 적은 물질로 되어 있다.
이들은 압력 강하가 (크며/작으며), 압축비가 작을 때 흔히 사용된다.

26 포핏 밸브는 보통 해당되는 플레이트 밸브보다 더 큰 용량을 공급해 줄 수 있다.
포핏 밸브는 기체의 수송선에 설치된 실린더에서 흔히 사용된다.
포핏 밸브는 보통 압축비가 작고 또 유속이 (클/작을) 때에 사용해 준다.

27 압축기의 밸브는 왕복 장치에 있어서 가장 중요한 부품이다.
이 밸브가 파손되거나 손상되면 기체가 반대 방향으로 _____ 된다.

28 찬 액체가 별안간 뜨거운 밸브에 닿아 밸브를 급랭시키면 밸브의 플레이트가 깨지는 수가 있다.
압축기 속으로 들어가는 기체에는 _____가 섞여 있지 말아야 한다.

29 먼지와 그 밖의 이물 침적은 밸브를 _____시킬 수 있으며 또 밸브가 올바로 들어맞지 않게 된다.

30 압축기의 밸브는 올바로 설치해 주어야 한다.
흡입 밸브는 실린더 내의 압력이 흡입 기체 재킷 내의 기체의 압력보다도 (클/작을) 때에는 열려야 한다.

31 실린더 중심(쪽으로/으로부터 바깥쪽으로) 플레이트를 누를 수 있을 때에는, 흡입 밸브는 올바로 설치된 것이다.

답   25. 작으며   26. 클   27. 새게   28. 액체   29. 부식 또는 손상   30. 작을   31. 쪽으로

제4장 | 왕복 압축기의 구조(Construction of Reciprocating Compressor) 117

32 실린더의 중심 (쪽으로/으로부터 바깥쪽으로) 플레이트를 누를 수 있을 때는, 토출 밸브는 올바로 설치된 것이다.

33 뒤쪽으로 토출 밸브를 설치하게 되면, 고압부가 형성되어 흔히 실린더를 _____시킨다.

34 아래의 밸브를 보아라.

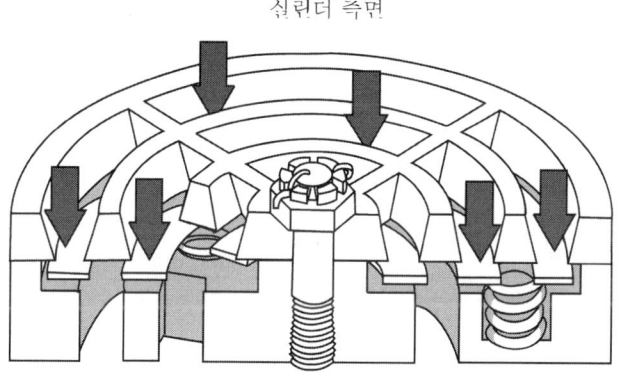

이것은 (흡입/토출) 밸브로서 설치된 것이다.

35 압축기의 밸브는 밸브 조립품을 서로 꽉 유지시켜 주는데, 스루 볼트(Through bolt), 로크 나사(Lock screw) 또는 잭 볼트(Jack-bolt) 등을 사용하여 설치해 준다. 대부분의 구식 압축기에서는, 너트(Nut) 또는 스루 볼트가 헐거워지면 볼트 또는 너트의 한쪽이 실린더 속으로 떨어질 수 있게 되어 있다.
이러한 압축기에서는 헐거워진 한 개의 나사 또는 너트는 실린더를 완전히 _____할 수 있다.

📖 **32.** 으로부터 바깥쪽으로 **33.** 파열 **34.** 토출 **35.** 파괴

036 신형 압축기는, 밸브의 부품이 실린더 속으로 떨어질 수 없도록 설계된 것이 많다.
그러나 모든 왕복 압축기는 밸브의 나사 또는 볼트는 밸브와 개스킷(Gasket) 사이의 _____을 방지하기 위해 꽉 조여 주어야 한다.

037 밸브가 샐 때는 밸브를 거쳐 되돌아가는 기체는 더욱 뜨거워진다.
밸브가 새는 것은 밸브 뚜껑의 _____가 상승하는 것을 보아 흔히 검출할 수 있다.

038 조업원은 누출을 검출하기 위해 밸브 뚜껑을 조심스럽게 _____ 수 있다.

039 온도계를 각 실린더에 가깝게 토출선 내에 장치해 주어야 한다.
다른 조건이 동일할 때는, 근소한 온도 _____일지라도 밸브가 새고 있다는 것을 가리켜 준다.

(2) 실린더 보어 및 라이너(Cylinder Bore and Liner)

040 수리비를 절감하기 위해 실린더에는 보통 라이너를 붙여 준다.
실린더 보어(Cylinder bore)가 과도로 파손되어도 실린더 전체를 갈아줄 필요는 없다.
다만 파손된 _____만 갈아주면 된다.

041 실린더 또는 라이너는 보통 피스톤 링(Piston ring)이 마찰하는 곳이 파손하게 된다.
피스톤의 중량 때문에 수평 실린더의 파손은 보통 그 (정부/저부)에서 더욱 커진다.

답 36. 누출 37. 온도 38. 만져볼 39. 상승 40. 라이너 41. 저부

제4장 | 왕복 압축기의 구조(Construction of Reciprocating Compressor) 119

42 실린더의 안받침은 보통 바깥쪽 링(Outer-ring)이 움직이는 끝 가까이에서 반대쪽으로 구멍이 뚫려 있다.

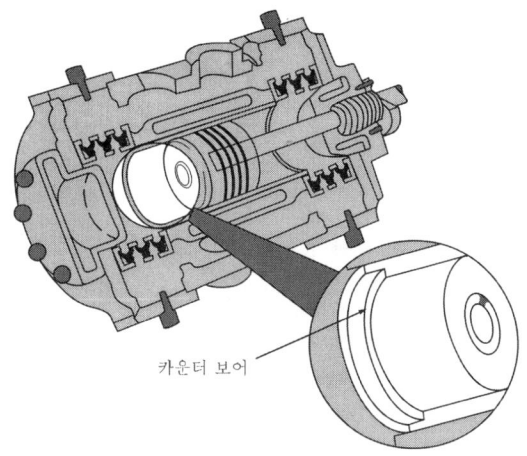

카운터 보어

반대쪽으로 뚫린 구멍(Counterbore)은 말단 피스톤 링이 _____ 하고, 방향을 반대로 바꾸는 지점의 바로 앞에 만들어져 있다.

43 피스톤 링이 라이너를 넘어서 움직이지 않는 한, 라이너에서 링의 운동이 멈추는 곳에 어깨 같은 것(Shoulder)이 형성된다.
카운터보어는 라이너에서 _____ 가 형성하지 않게 해 준다.

44 라이너는 미끄러져 노킹(Knocking)을 초래하지 않도록 보통 눌러주거나 또는 오그라트려 자리에 고정시킨다.

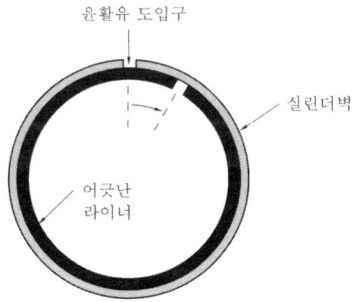

윤활유 도입구
실린더벽
어긋난 라이너

라이너는 또한 라이너의 기름 구멍이 실린더벽의 _____ 도입구와 항상 들어맞도록 고정시켜 주어야 한다.

답 **42.** 정지 **43.** 숄더 **44.** 윤활유

45 헐겁거나 배열이 잘 안 된 라이너는 도입구를 _____ 시키는 수가 있다.

46 도입구가 폐쇄되면 _____ 가 피스톤 링에 충분히 도달하지 못하게 된다.

47 피스톤 봉(Piston rod)을 교환하거나 다시 설치해 주면, 피스톤 운동의 위치가 카운터보어 및 라이너에 관하여 영향을 받게 된다.
피스톤 봉을 교환했거나 재설치했을 때는, 정확하게 위치를 재조정하여 피스톤의 왕복 운동을 조절해 줄 필요가 (있다/없다).

(3) 피스톤(Piston)

48 저속용 압축기(330rpm까지) 및 중간 속도용 압축기(330~660rpm)의 피스톤은 보통 주철로 되어 있다.

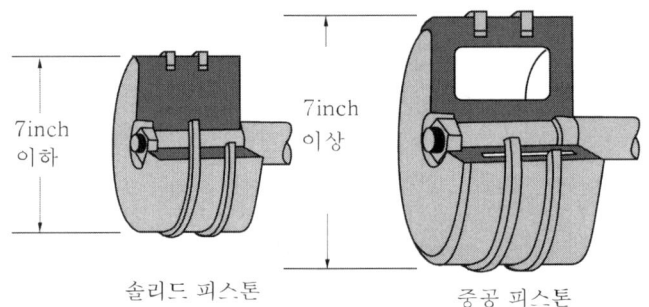

솔리드 피스톤   중공 피스톤

직경 7inch까지는 주철 피스톤은 보통 속이 꽉 차게 만들고, 직경이 7inch 이상인 것은 보통 _____ 된다.

49 속이 빈 구조로 만들면 피스톤의 무게가 _____ 된다.

답 **45.** 폐쇄 **46.** 윤활유 또는 기름 **47.** 있다 **48.** 중공으로 **49.** 감소

050 매우 큰 피스톤은 흔히 속이 비고 청동(Bronze)이나 배빗 합금을 뿌려준 규격 강철로 만든다.
청동이나 배빗 합금의 피복은 피스톤의 마찰을 (크게/작게) 해 준다.

051 탄소 피스톤은 _____가 혼입되면 안 되는 산소 또는 그 밖의 기체를 압축시킬때에 때때로 사용된다.

052 아래의 그림은 하나의 피스톤 구조를 나타낸 것이다.

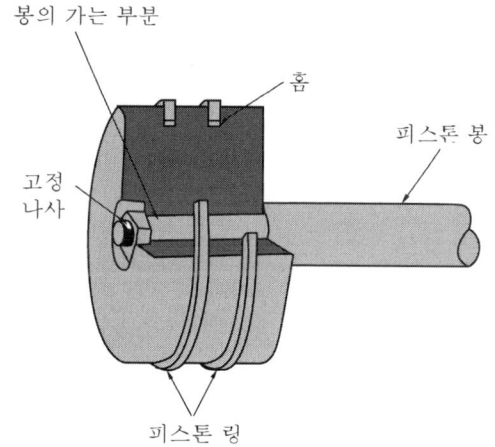

피스톤 봉은 피스톤을 관통하는 곳에서 끝이 _____ 되어 있다.

053 피스톤 봉은 피스톤을 뚫고 들어가서 _____를 사용하여 어깨를 꽉 고정시키게 되어 있다.

054 피스톤 링은 피스톤 위의 _____에 끼우도록 되어 있다.

답 50. 작게 51. 윤활유 또는 기름 52. 가늘게 53. 고정 나사 54. 홈

055 압축기가 조업 온도에 도달함에 따라, 피스톤과 피스톤 봉은 실린더보다도 많이 팽창하게 된다.
피스톤과 실린더 사이의 간극은, 압축기가 조업 중 상당히 _____되어 정지되는 일이 없도록 충분히 커야 한다.

056 이와 동시에, 피스톤과 실린더 사이의 간극은 피스톤 링을 적당히 지지할 수 있도록 충분히 _____ 한다.

057 제조업자들은 피스톤과 실린더벽 사이의 필요한 _____의 크기를 보통 명시하고 있다.

058 냉각된 피스톤을 조립시킬 때는, 라이너 끝의 간극을 실린더의 두단부에서 더욱 크게 해 준다.
냉각된 피스톤은 보통 그 단부 간극이 (① 두/크랭크) 단부에서 1/3이 되고 (② 두/크랭크) 단부에서 2/3가 되도록 설치해 준다.

(4) 파스톤 링(Piston Ring)

059 피스톤 링은 피스톤과 라이너 사이의 _____을 방지하거나 또는 최소한으로 줄이도록 밀폐시키는 역할을 한다.

060 피스톤 링은 또한 열을 피스톤으로부터 실린더벽 쪽으로 옮겨준다.
압축기의 냉각계는 대부분의 _____을 실린더로부터 제거한다.

---

55. 과열 56. 작아야 57. 간극 58. ① 크랭크 ② 두 59. 누출 60. 열

061 링은 실린더벽에 대하여 약간의 장력을 갖도록 설치해 주어야 한다. 조업 중에는 링 아래의 기체의 압력이 링을 _____벽으로 밀어 지탱해 준다.

062 링의 재질은 초기에 빨리 파손되어 링이 벽을 빨리 밀폐시키는 것을 택한다. 피스톤 링은 실린더 또는 라이너보다도 (빨리/느슨하게) 파손되는 재질로 되어 있다.

063 압축기의 피스톤 링은 청동·주철·베이클라이트, 테플론, 카본 또는 그 밖의 비슷한 물질로 만든다. 이들 물질은 파손이 (① 크고/작고) 또 실린더 라이너 또는 보어보다도 약간 (② 빨리/느리게) 파손된다.

064 링은 실린더와 홈(Groove) 측면에 꽉 끼우게 되어 밀폐 상태가 이루어진다.

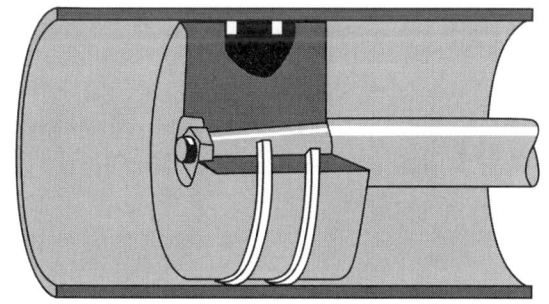

실린더통은 둥글고 균일하여야 하고, 또 가느다란 부분이 있으면 안 되며 또 홈이 있어서는 _____.

065 링을 끼우는 홈은 고도로 정확하여야 하며, 또 그 측면은 미끄러워야 한다. 장기간 조업시키면 홈은 약간 V자형으로 파손되는 수가 많으므로, _____의 측면이 변화되지 않는가를 점검해 주어야 한다.

답 **61.** 실린더 또는 라이너 **62.** 빨리 **63.** ① 작고 ② 빨리 **064.** 안 된다 **65.** 홈

066 조업 중 링은 벽과 벽 사이를 밀폐시키기 위해 실린더를 떠밀고 바깥쪽으로 움직여야 한다.

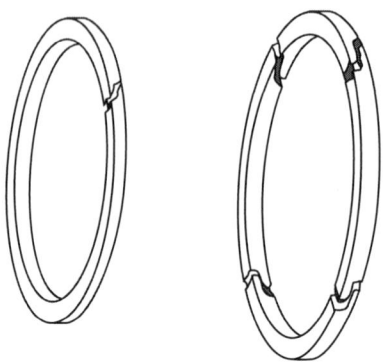

금속 피스톤 링은 한 조각으로 간극을 가지도록 만들거나 또는 몇 개의 _____으로 만들어 준다.

067 링과 간극은 압축기가 조업 온도에 도달함에 따라 링이 _____할 수 있게 해준다.

068 무거운 피스톤에 끼워주는 링에는 때로 청동이나 배빗 합금으로 만든 팽창 장치 즉 라이더(Rider)를 설치해 준다.

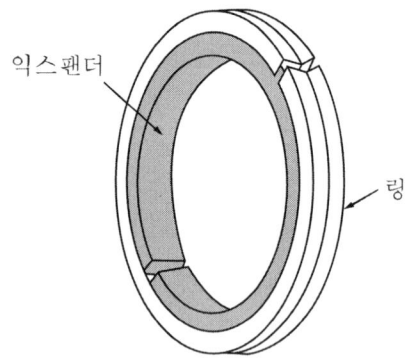

구획이 있는 링은 _____를 사용하여 실린더벽을 가볍게 떠밀어 지탱된다.

답 66. 조각 67. 팽창 68. 익스팬더 또는 라이더

제4장 | 왕복 압축기의 구조(Construction of Reciprocating Compressor) 125

069 피스톤이 실린더벽에 있는 윤활유(Lubricant) 도입구를 통과할 때에 링에 기름이 공급된다.

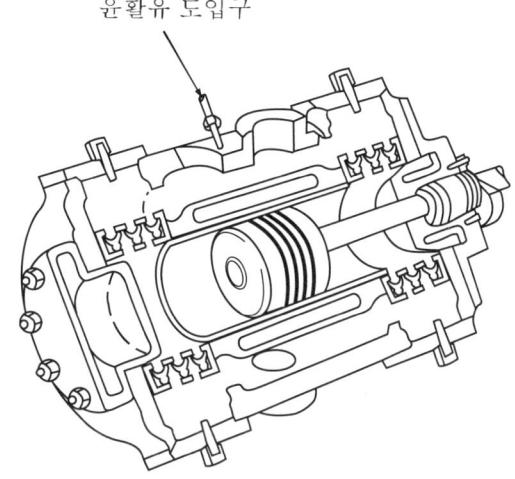

_____은 왕복 운동의 전장에 걸쳐 기름을 퍼지게 한다.

070 올바른 품질의 윤활유가 충분히 없으면, 피스톤 링 및 실린더벽은 빨리 파손되어 피스톤의 주위에서 _____이 심하게 된다.

071 홈이 있거나 둥글지 않은 실린더도 또한 심한 파손과 누출을 초래하여, 결과적으로 못쓰게 된다. 실린더나 라이너의 어깨는 피스톤 링을 _____시키는 수가 있다.

072 기체가 _____의 사용을 불가능하게 한 때는, 때때로 테플론 라이더 밴드를 붙인 테플론 링을 피스톤을 지탱하는 데 사용한다.

답   **69.** 피스톤 링   **70.** 누출   **71.** 손상   **72.** 윤활유

(5) 금속봉 패킹(Metallic Rod Packing)

073 패킹은 압축 기체가 피스톤 봉에 따라서 _____ 것을 방지해 준다.

074 대기 압력보다 낮은 압력하에서 조업되고 있는 압축기에서, 패킹은 _____가 실린더 속으로 끌려 들어가는 것을 방지해 준다.

075 대부분의 최신형 압축기는 패킹 재료로서 금속 링을 사용하고 있다.

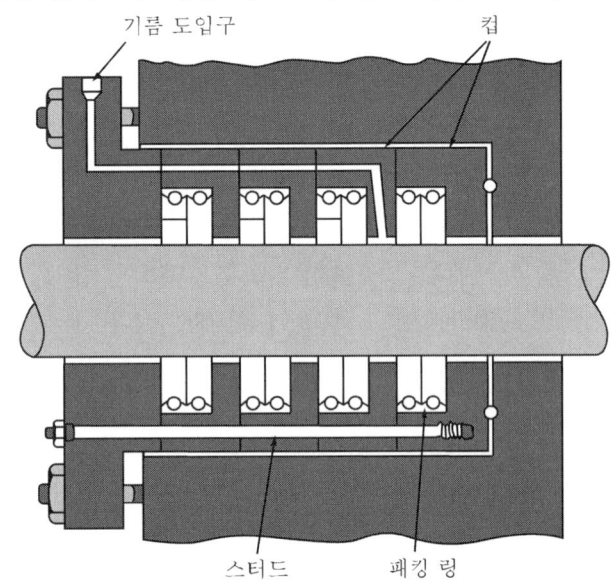

링은 각 _____ 속에 쌍으로 배열되어 있다.

076 조업 압력이 보통 사용해 주는 컵의 수를 결정하게 된다. 컵은 길다란 _____로 서로 고정시켜 조립한다.

답 **73.** 새는 **74.** 공기 **75.** 컵 **76.** 스터드

077 패킹 링은 구획이 있게 만들어져 있다.

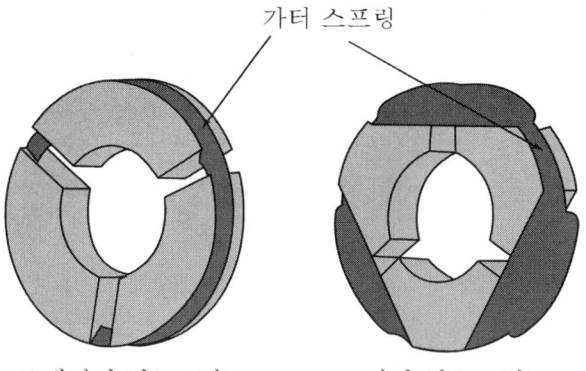

브레이커 링(B-링)   실러 링(T-링)

링을 형성하고 있는 구획은 _____ 으로 피스톤 봉을 눌러 유지시키게 되어 있다.

078 브레이커(Breaker) 또는 B-링은 방사상으로 절단되어 있고 압력을 직접 밀폐시킨다.
실러(Sealer) 또는 T-링은 (방사상으로/접선 방향으로) 절단되어 있다.

079 T-링은 (컵을 눌러/압력을 직접) 밀폐시킨다.

080 비교적 장은 압력차를 가로질러 조업되고 있는 패킹에는, 몇 쌍의 접선 방향으로 절단해 준 (브레이커/실러) 링만을 충전하여도 된다.

081 대부분의 경우에 있어서, 압력에 직접 닿아 있는 컵은 배의 넓이를 가진 한 쌍 또는 몇 쌍의 브레이커 링(B-링)을 지탱하게 되어 있다.
그 밖의 컵은 몇 쌍의 브레이커 링(B-링) 및 실러 링(T-링)을 눌러 지탱하고 있으며, 압력에 더욱 가까이에 있는 (브레이커/실러) 링과 쌍으로 배열되어 있다.

---

77. 가터 스프링 **78.** 접선 방향으로 **79.** 컵을 눌러 **80.** 실러 **81.** 브레이커

082 아래의 그림에서 좌로부터 우로 가면서 브레이커 링(B) 또는 실러 링(T)의 명칭을 표시하여라.

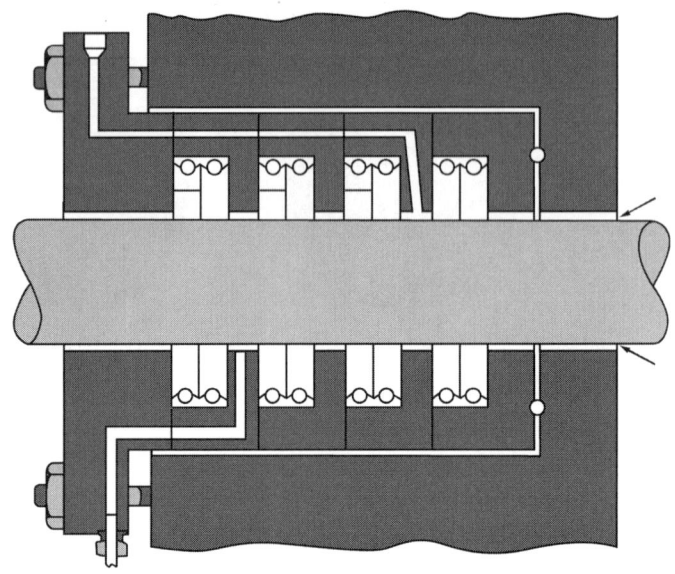

083 패킹 링은 섬유, 플라스틱 또는 금속 등으로 만든다.
패킹에 _____를 묻히지 않고 조업시켜야 할 때는 카본 링 또는 테플론 링을 사용 한다.

084 구형 압축기에서는 석면(Asbestos), 마포(Duck) 또는 연한 납(Lead)과 같은 견질 패킹을 사용하는 것도 있다.
피스톤 봉의 작은 홈은 _____을 사용할 때는 금속 링을 사용할 때보다 손상을 덜 유발시킨다.

085 그러나 연질 패킹은 금속 패킹과 같이 잘 _____시키지는 못한다.

답 82. T, B, T, B, T, B, B, B   83. 윤활유   84. 연질 패킹   85. 밀폐

086 아래의 그림을 보아라.

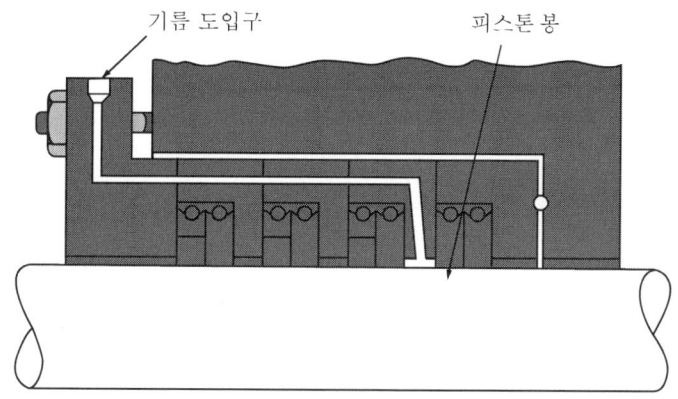

오일 오리피스는 기름이 _____의 정부로 적하하며, 컵의 측면으로 흘러내리지 않도록 설계되어 있다.

087 때로 스프링을 단 테플론으로 만든 깃(Quill)을 사용할 때도 있다.

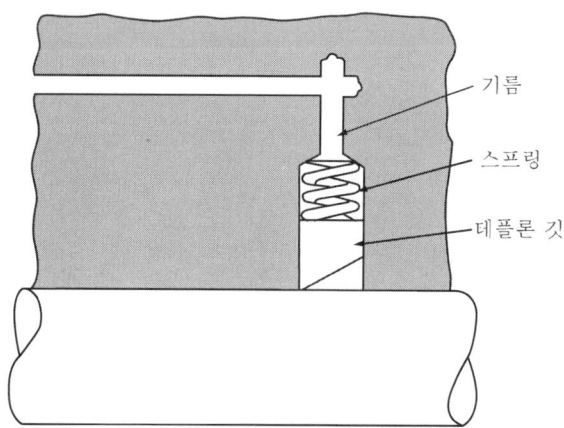

테플론의 깃은 _____이 피스톤 봉의 정부로 적하하는 것을 돕는다.

답 86. 피스톤 봉   87. 기름

088 새로이 링을 넣었을 때는, 패킹에 보통 정상보다도 중질의 기름을 넣어줄 필요가 있다.
새로이 _____을 넣었을 때는 보통 비교적 소량의 기름을 도입해 줄 필요가 있다.

089 패킹용 윤활유는 실린더용 윤활유와 마찬가지로 탄소의 찌꺼기가 비교적 적게 들어 있어야 한다.
패킹용 윤활유는 또한 조업시의 압력 및 온도에 견딜 수 있도록 충분히 _____이어야 한다.

090 업무에 따라서는 실린더유와 크랭크 케이스유를 따로 분리시키도록 해 주어야 한다.

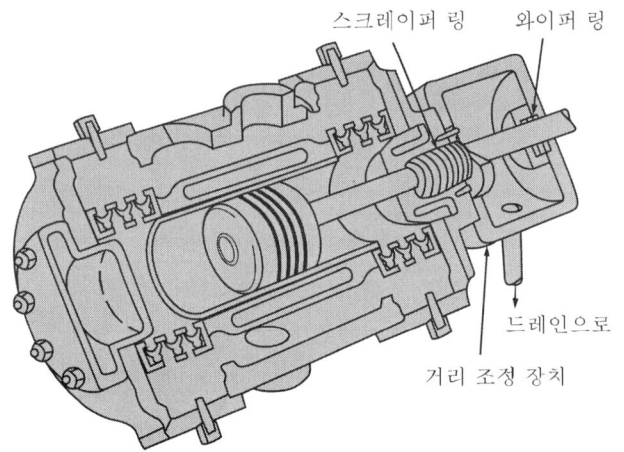

압축기는 흔히 크로스헤드 가까이에 한 벌의 _____ 링을 가지고 있다.

091 단동식 와이퍼(Wiper)는 크랭크 케이스유가 실린더에 도달하지 못하게 하거나, 또는 실린더유가 _____에 도달하지 못하게 해 준다.

---

88. 패킹 링 89. 중질 90. 스크레이퍼 또는 와이퍼 91. 크랭크 케이스

제4장 | 왕복 압축기의 구조(Construction of Reciprocating Compressor) 131

092 복동식 와이퍼를 달아주는 것이 좋을 때가 흔히 있다.
복동식 와이퍼는 봉(Rod)으로부터 ___①___ 유와 ___②___ 유의 양쪽을 함께 제거시킨다.

093 와이퍼는 기름을 거리 조정 장치(Distance piece) 속으로 긁어 넣는다.
기름은 거리 조정 장치로부터 기름 받이통이 있는 관으로 _____ 된다.

094 패킹을 거쳐 새는 기체는 안전한 곳으로 배기시킨다.

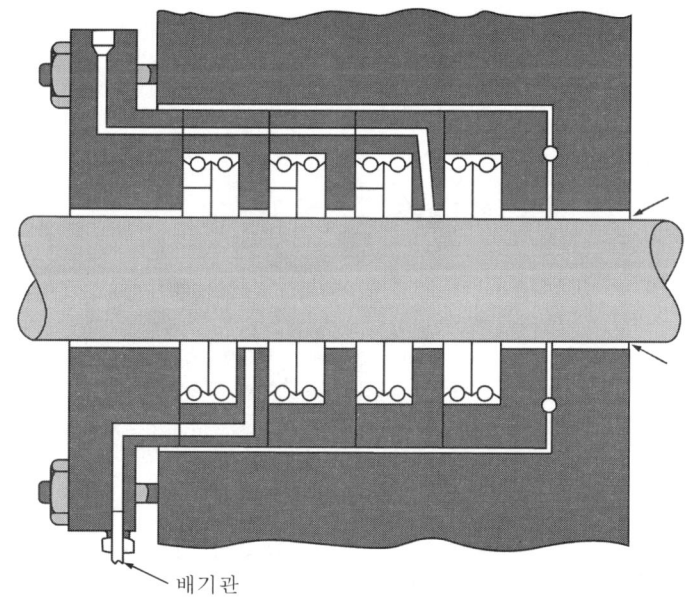

배기관

_____은 바깥쪽 두 개의 컵 사이에 있다.

095 배기된 기체의 양을 조사하면, 패킹이 너무 많이 _____ 되고 있는지의 여부를 알 수 있다.

답 92. ① 실린더 ② 크랭크-케이스 93. 배출 94. 배기관 95. 누출

096 배기관이 배기 장치 속으로 단단하게 연결되어야 하는 곳에서는, 배기관의 온도가 상승한다는 것은 보통 패킹의 _____이 과대하다는 것을 말해 준다.

097 필요한 곳에서는 패킹 컵의 벽을 통한 통로가 있어, 냉각수가 순환할 수 있게 되어 있다.
따라서 패킹 속에서 발생된 열의 대부분은 이 _____에 의해 제거된다.

098 패킹 눌림쇠(Packing gland), 또는 안면판(Face plate)에는 냉각수, 윤활유 및 배기를 위한 연결 장치가 달려 있다.

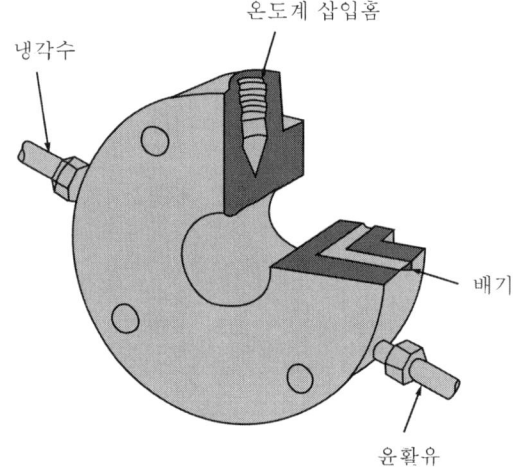

패킹 눌림쇠에는 또한 _____를 설치해 줄 구멍이 달려 있는 수도 있다.

099 이러한 연결 장치는 각각의 플레이트 위에 적당히 스탬프를 찍어 표시하든지, 또는 각 _____를 올바로 사용하는 것이 절대로 필요하다.

답 96. 누출 97. 물 또는 냉각수 98. 온도계 99. 연결 장치

(6) 봉, 크로스헤드 및 베어링
(Rod, Crosshead and Bearing)

100 피스톤 봉(Piston rod)은 보통 고급 품질의 강철 합금으로 제작되어 있으며, 그 표면은 대개 경화되어 있다.
봉은 그 _____을 더욱 굳고 강하게 해 주기 위해 보통 열처리된다.

101 기체 중에는 예를 들어 황화수소(Hydrogen sulfide)와 같이 특히 경화강에 대하여 손상을 주는 것이 있다.
크롬 도금(Chrome plating)을 든든하게 해 주면, _____ 및 그 밖의 손상을 주는 기체로 인한 손상을 막을 수 있다.

102 대부분의 격무용 압축기는 금속 패킹을 사용하고 있으므로, 그 피스톤 봉은 정확하게 둥글어야 하며 또 그것이 움직이는 길이의 범위 내에는 흠이 있어서는 안 된다.
둥글지 못하거나 또는 거칠거나 흠이 있는 피스톤 봉은 금속 패킹을 _____시킨다.

103 압축기가 조업 온도에 도달했을 때, 피스톤 봉의 수직 방향 및 수평 방향으로의 팽창이 0.002inch를 초과해서는 안 된다.
피스톤 봉은 압축기가 조업 온도에 이르렀을 때에 _____할 수 있도록 올바로 설치되어야 한다.

답 100. 표면 101. 탄화수소 102. 손상 103. 팽창

104 아래의 그림은 전형적인 크로스헤드를 나타낸 것이다.

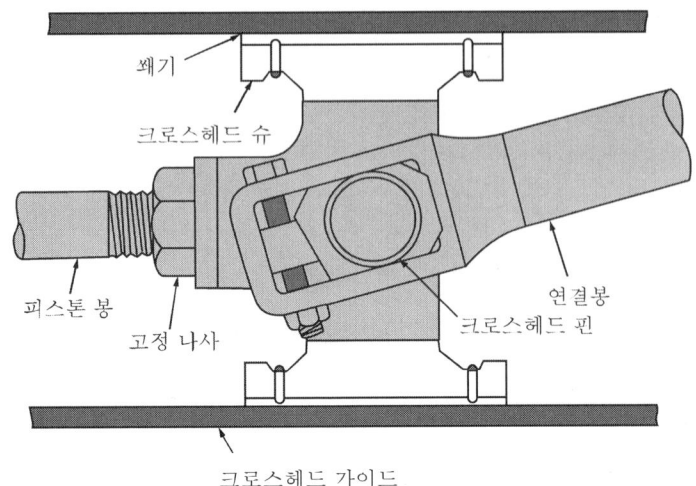

피스톤 봉은 크로스헤드 속으로 _____ 끼우게 되어 있고, 또 자물쇠 장치를 꽉 고정시켜 준다.

105 크로스헤드 슈 또는 슬리퍼는 움직일 수 있고 또 조정할 수 있다.
크로스헤드 유도 장치(Guide)는 보통 틀(Frame)과 함께 일체로 되어 있다.
크로스헤드 슈는 평탄하거나 또는 원형으로 파인 _____ 에 의해 유도된다.

106 피스톤의 왕복 운동 거리의 길이가 조업 온도에서 0.002inch를 초과하지 않도록, 쐐기(Shim)를 크로스헤드 슈에 설치하여 수직 방향의 배열을 확실히 해 준다.
_____의 배열이 잘못되면 피스톤 봉이 줄로부터 벗어나게 된다.

---

104. 나사식으로   **105.** 크로스헤드 유도 장치   **106.** 크로스헤드 슈

107 연결봉의 양단에는 보통 배빗 합금으로 표면을 씌운 격무용 슬리브관 베어링이 달려 있다.

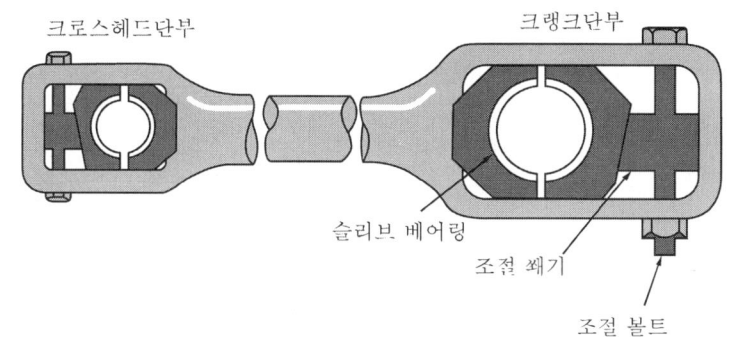

크로스헤드단부 크랭크단부
슬리브 베어링
조절 쐐기
조절 볼트

베어링의 쐐기 및 볼트를 사용하여 _____ 해 줄 수 있다.

108 유막(Oil film)이 크로스헤드 핀 및 크랭크축과 _____ 을 분리시킨다.

109 기름은 베어링면의 구멍을 거쳐 가압하에 공급된다.
크랭크축은 이 _____ 위에서 회전한다.

110 베어링은 배빗 합금, 청동 또는 알루미늄 등으로 되어 있다.
알루미늄은 쉽사리 흠이 생기기 때문에, 알루미늄 베어링을 사용할 때에는 기름이 특별히 _____ 한다.

111 이것은 알루미늄 베어링을 사용할 때에는, 오일계 내의 새 배관은 언제나 사용하기 전에 철저히 _____ 해 주어야 한다는 것을 뜻한다.

112 충분히 유입시키는 오일계에서는, _____ 베어링을 사용한 압축기일 때는 5~10 미크론(Micron) 크기의 매우 가는 기름 여과기를 사용하여야 한다.

---

107. 조정 **108.** 베어링 **109.** 유막 **110.** 깨끗해야 **111.** 청소 **112.** 알루미늄

113 실린더의 헤드 끝에는 외부 베어링(Outboard bearing)이 달려 있는 수도 있다.

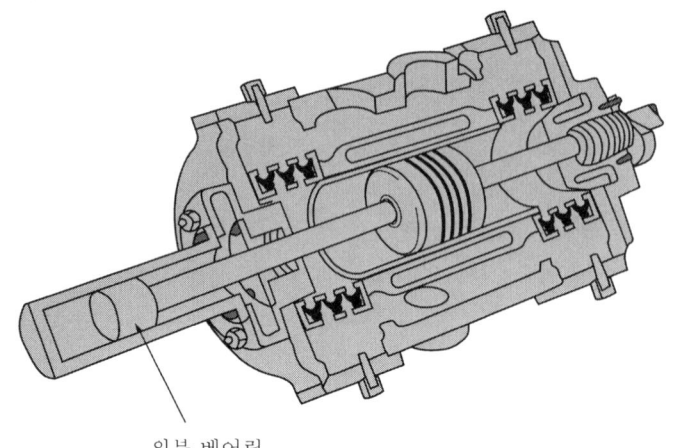

외부 베어링

외부 베어링은 _____의 무게를 지탱하는 것을 돕는다.

114 탄소로 만든 피스톤 및 피스톤 링은 부서지기 쉽다.
기름이 실린더 속으로 들어가서는 안 될 때는 흔히 피스톤 및 피스톤 링을 _____으로 만들어 준다.

115 탄소 피스톤이 실린더의 한쪽 끝에서 더욱 심하게 깎아내려지는 것을 방지하기 위해, 피스톤 봉은 외부 헤드(Outboard head)를 테일로드 슬라이드(Tail-rod slide)를 사용하여 지탱하고 있다. 외부 테일로드 슬라이드는 부양식 피스톤 구조를 만들게 되며, 이것은 탄소 피스톤에 대한 _____량을 감소시켜 준다.

116 테일로드는 또한 피스톤을 가로질러 작용하는 힘을 고르게 하는 역할도 한다. 헤드 끝 로드가 있기 때문에, 피스톤의 어느 쪽에서도 순 면적은 (① 동일하게/상이하게) 되며, 또 따라서 동일 압력하에서는 피스톤의 어느 쪽에 미치는 힘도 (② 동일하게/상이하게) 된다.

답 **113.** 피스톤 **114.** 카본 **115.** 마손 **116.** ① 동일하게 ② 동일하게

제4장 | 왕복 압축기의 구조(Construction of Reciprocating Compressor)

117 몇 가지 조업상 난점이 흔히 압축기의 봉에서 일어나고 있다. 만일 봉의 파손이 급속하다면, 아마도 윤활이 불충분하였든지 또는 너무 (경질의/중질의) 윤활유를 사용했기 때문일 것이다.

118 급속한 봉의 파손은 또한 경화되지 않은 봉을 사용하거나 또는 올바르게 작동되지 않는 봉을 사용할 때에 일어난다.
만일 문제점이 급속한 봉의 파손일 경우, 그 원인은 다음과 같다.
　__①__ 의 사용이 불충분할 때,
충분히 __②__ 못한 봉을 사용할 때,
봉이 __③__ 않게 작동하고 있을 때

119 왕복 압축기는 극복해야만 하는 최대 봉 부하 또는 틀(Frame) 부하를 가지고 있다.
이 봉 부하는 압축기의 _____이 안전하게 설 수 있는 최대의 힘을 말한다.

120 피스톤과 크랭크축 사이의 연결 장치 또는 틀에서, 가장 약한 지점이 그 압축기의 최대 _____를 결정한다.

121 시동시 또는 조업 중지시에는 압축기를 그 봉 부하보다 약간 높게 작동시켜 주는 수도 있다.
그러나 안전하고 정상적인 조업에서는, 압축기는 그 _____의 한계내에서 유지시켜야 한다.

122 좋은 상태하에 있는 봉이 피스톤과 크로스헤드 사이에서 부러진다면, 이것은 압축기가 최대 _____를 초과하여 조업되고 있었던 경우가 많다.

답　**117.** 경질의　**118.** ① 윤활유 ② 굳지 ③ 올바르지　**119.** 피스톤 봉
120. 봉 부하 또는 틀 부하　**121.** 봉 부하　**122.** 봉 부하

123 불완전한 봉도 또한 조업 중에 _____ 수가 있다.

124 피스톤이 헐거울 때도 또한 부러지거나 또는 배열이 잘못되게 된다.
피스톤 내에서의 파손은 피스톤이 너무 _____ 때문에 배열이 잘못되어 일어난다.

125 배열이 불량 또는 봉 재질의 결함은 피스톤 봉에 따른 지점에서 어디서나 파손을 일으키게 된다.
피스톤과 크로스헤드 사이에서 파손이 일어났을 때 그 원인은 다음과 같다.
피스톤 봉의 ___①___ 이 잘못되어 있거나,
봉의 재질이 부적당하든가 또는 ___②___ 이 있든가,
또는 최대 ___③___ 를 초과하여 작동되고 있을 때이다.

126 피스톤 봉의 배열이 잘못되면 피스톤이 부러지거나 또는 크로스헤드의 나삿니 부분이 부러지게 된다.
피스톤 봉이 크로스헤드 부분에서 부러지면, 그 원인은 아마도 _____ 이 잘못되었기 때문일 것이다.

(7) 윤활(Lubrication)

127 윤활유는 마찰을 감소시키는 막을 만들어 주며, 따라서 움직이고 있는 압축기 부분 사이의 _____ 을 감소시켜 준다.

128 윤활유는 또한 냉각 기능을 갖고 있다.
마찰로 발생되는 열의 일부는 _____ 에 의해 운반된다.

---

123. 부러지는 **124.** 헐겁기 **125.** ① 배열 ② 결함 ③ 봉 부하 **126.** 배열 **127.** 마손
128. 윤활유

129 구식 기계에는 튀기는 형식(Splash system)의 윤활 방법을 사용하고 있는 것도 있다.

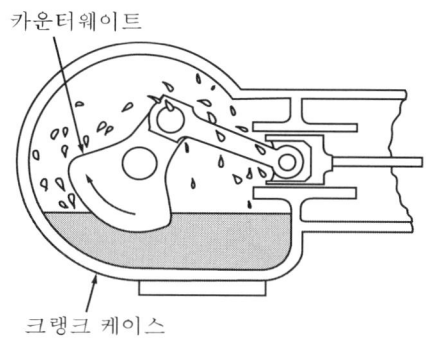

기름의 공급은 _____ 속에서 해 준다.

130 기름은 크랭크 및 _____가 회전함에 따라 튀겨 올라간다.

131 이 기름은 베어링 및 _____를 윤활시켜야 한다.

132 이 튀기는 형식에서는 크랭크 핀을 윤활시키는 데 원심력이 이용된다.

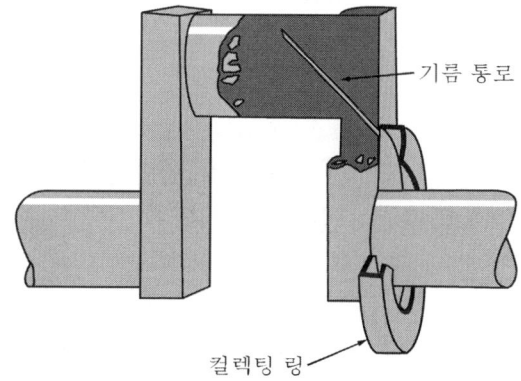

기름은 크랭크 케이스로부터 튀어 올라 _____ 속으로 들어간다.

답 **129.** 크랭크 케이스 **130.** 카운터웨이트 **131.** 크로스헤드 **132.** 컬렉팅 링

133 원심력 때문에 기름이 회전하고 있는 크랭크축으로부터 바깥쪽으로 튀어나간다.
기름은 억지로 기름의 _____를 거쳐 크랭크 핀으로 올라가게 된다.

134 강제 도입식(Forced-feel system)에서는 기름은 가압하에 필요한 부품으로 펌프로 압송된다.

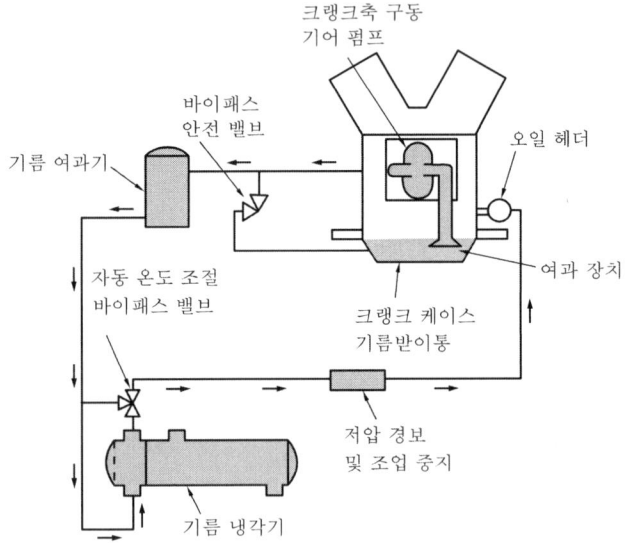

크랭크 케이스의 기름받이통으로부터 나온 기름은 맨 먼저 거친 크랭크 케이스 _____ 속을 통과한다.

135 이 여과 장치(Strainer)는 이동할 수 있어 나무쪽이나 부스러기를 여과 장치로부터 _____해 줄 수 있다.

136 여과 장치를 거친 기름은 크랭크축으로 구동되어 기어 _____ 속으로 들어간다.

답 133. 통로 134. 여과 장치 135. 청소 136. 펌프

137 펌프는 기름의 _____을 증대시킨다.

138 여과 장치에 걸리지 않은 작은 입자를 제거시키기 위해, 펌프에서 나온 기름은 _____를 통과하게 된다.

139 구식 압축기에는 자체 청소식 기름 여과기(Filter)를 장비한 것도 있다.

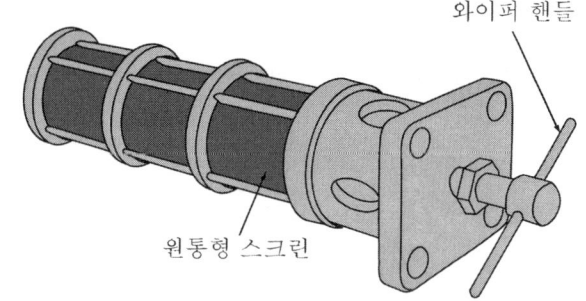

자체 청소식 여과기는 와이퍼을 돌리면 원통형 _____의 구멍을 닦아 청소되도록 설계되어 있다.

140 자체 청소식 여과기의 핸들은 정해진 시간 간격을 두고 돌려 주어야 한다. 이렇게 하면 여과기는 _____ 않는다.

141 여과기가 막혀 기름의 흐름이 대폭 감소되거나 멎게 되면 압축기가 손상을 입는다.
이러한 손상을 방지해 주기 위해, 위의 강제 도입식에는
_____① 안전 밸브와 저압 경보 및
_____② 장치가 달려 있다.

---

137. 압력 **138.** 필터 **139.** 스크린 **140.** 막히지 **141.** ① 바이패스 ② 조업 중지

142 지금 여과기가 점점 막히고 있다고 가정하자

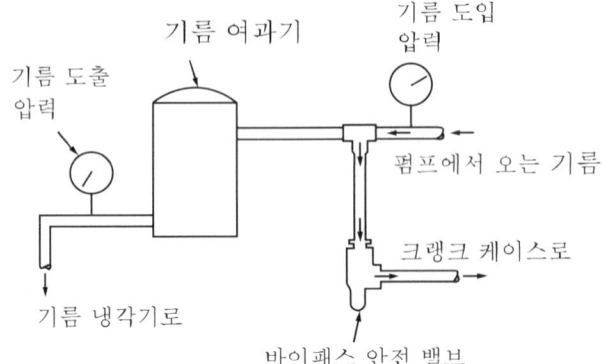

여과기의 도입구 쪽 압력은 (증가/감소)한다.

143 바이패스의 도입 압력은 여과기의 도입 압력(과 같다/과는 다르다).

144 바이패스의 안전 밸브는 정상시 스프링으로 닫혀 있다.

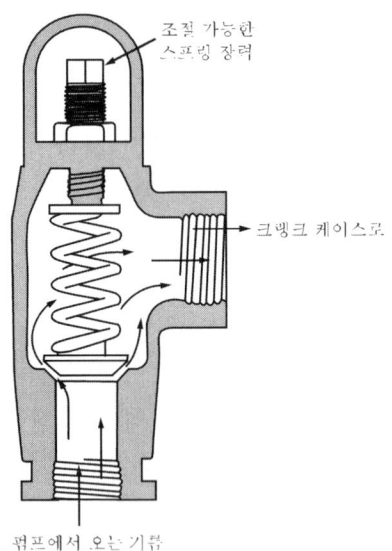

도입 압력이 스프링 압력을 초과하면 바이패스 밸브가 _____.

답 **142.** 증가 **143.** 과 같다 **144.** 열린다

145 여과기가 막히고 또 동시에 바이패스가 닫혀 있으면, 기름은 어느 곳으로도 펌프를 넣어 도입될 수 (있다/없다).

146 여과기가 막혀 있을 때에 바이패스를 열면 펌프로부터 오는 기름이 크랭크 케이스로 되돌아갈 수 (있다/없다).

147 이 식에서는 윤활유의 압력 및 공급에 이상이 있을 때 보호하기 위하여, 바이패스 밸브가 열리면 저압 경보 장치는 압축기를 _____시키게 되어 있다.

148 도입 유압이 밸브 속의 스프링의 장력보다 작을 때는 언제나 밸브는 _____ 채로 있다.

149 바이패스 밸브가 닫혀 있으면, 기름은 펌프로부터 나와 여과기를 거쳐 기름 _____로 흐르게 된다.

150 냉각기 속의 기름은 관(Shell side)을 거쳐 흐르게 된다.

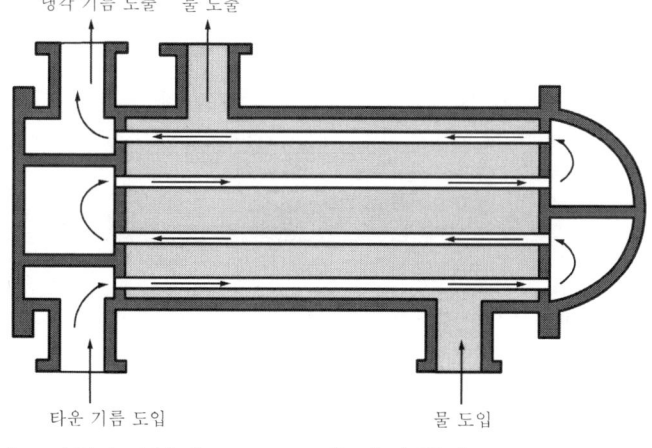

관의 냉각수는 기름으로부터 _____을 흡수한다.

답 145. 없다 146. 있다 147. 조업 중지 148. 닫힌 149. 냉각기 150. 열

151 대부분의 장치 속에서 기름의 온도는 125°F와 150°F 사이로 유지시킨다. 125°F보다 낮은 온도의 기름을 사용하면 크랭크 케이스 속에서 수분이 응축하게 된다.
습기가 있으면 _____의 슬러지(Sludge)를 만들게 된다.

152 150°F보다 상당히 높은 온도의 기름은 보통 사용되고 있는 일정한 베어링 재질의 강도를 저하시켜, 베어링이 부하가 걸렸을 때 _____ 된다.

153 희망하는 온도 범위를 유지시키기 위해, 이 식에서는 냉각기에 바이패스 밸브가 달려 있고 이것을 _____으로 조절하게 되어 있다.

154 기름은 냉각기로부터 나와 저압 경보 장치 속을 거쳐 오일 _____ 속으로 흐르게 된다.

155 아래 그림은 강제 도입식 계통을 나타낸 것이다.

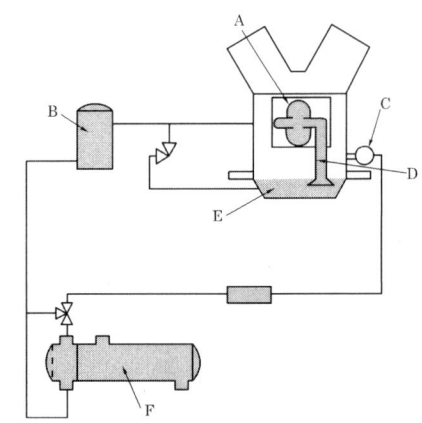

위의 그림에서 각 부품의 명칭을 기입하여라.
A. _____   D. _____
B. _____   E. _____
C. _____   F. _____

---

151. 기름 **152.** 못쓰게 **153.** 서모스탯 **154.** 헤더 **155.** A. 펌프 B. 여과기 C. 헤더 D. 여과 장치 E. 기름 받이통 F. 냉각기

156 실용화되고 있는 또 다른 형식의 배유계는 몇 벌의 배유 블록을 적용하는 형식의 것이다.
이 형식은 재래식 윤활 장치, 윤활용 펌프 및 _____ 유리관을 대체해 가고 있다.

157 각 배유 블록에는 플런저(Plunger)가 달려 있으며, 이들 플런저는 정확한 양의 윤활_____를 도입 라인 쪽으로 옮겨 준다.

158 각각의 블록은 일정한 계에서 항상 전체의 윤활유 흐름의 동일한 비율로 옮기게 된다.

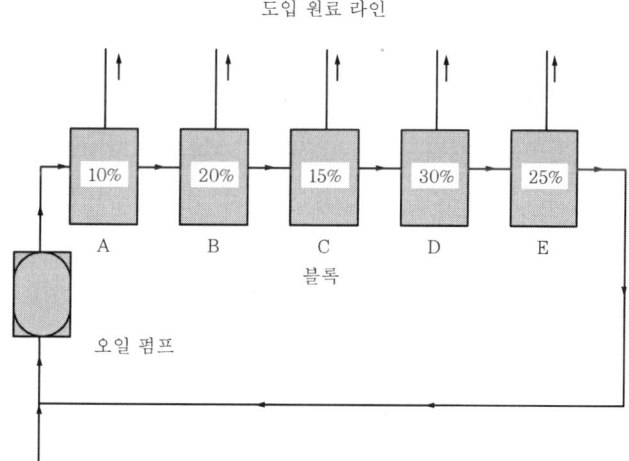

지금 펌프의 왕복 운동 거리가 변화되었다고 가정하자. 이때에는 예를 들어 블록 B에 의해 옮겨지는 유량은 (변화한다/동일하게 유지된다).

159 블록 B에 의해 옮겨지는 비율은 (변화한다/동일하게 유지된다).

160 각각의 블록에 의해 압송되는 비율은 오직 배유 _____ 자체를 변화시켜 주어야만 변화시킬 수 있다.

---

156. 계측   157. 유   158. 변화한다   159. 동일하게 유지된다   160. 블록

161 계 내로 압송되는 기름의 전량은 주 오일 펌프의 _____을 변화시킴으로써 변화시킬 수 있다.

162 블록은 압축기의 둘레에서 병렬 또는 직렬로 설치해 줄 수 있으나, 그룹 속의 각 블록은 다음 번 블록이 _____을 받기 전에 계측된 양의 기름을 옮겨 주어야 한다.

163 만일 플런저가 고장이 나서 작동하지 않게 되면, 주 펌프에 의해 초래되는 높은 압력이 특수 원판(Special disc)을 파열시킨다.
원판이 파열되면 작은 흐름 장치를 거쳐 흐르는 모든 흐름이 멎게 되고, 기계는 완전히 _____되기 마련이다.

164 원판이 많이 있을 때라도 단 한 개만 파열되면 기계는 조업 중지당하게 된다. 이러한 특성은 압축기가 돌고 있는 동안 거의 사람이 옆에 (있는/있지 않는) 경우에 바람직스러운 특성이다.

165 이 특성은 윤활점의 일부에 급유되고 있지 않는 동안 압축기가 돌 수 있을 때는 (장점/단점)으로 된다.

---

161. 행정　**162.** 기름　**163.** 조업 중지　**164.** 있지 않는　**165.** 단점

166 윤활 모관(Lubrication header)으로 도입되는 깨끗한 기름은 기계의 설계에 따라 여러 곳으로 관송된다.

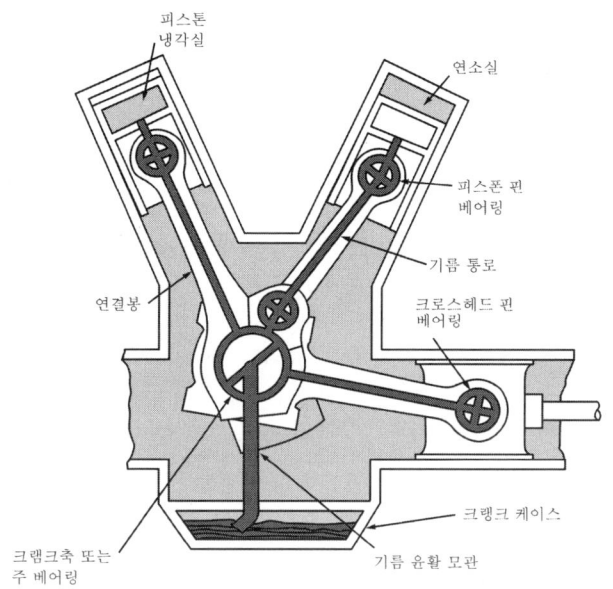

모관은 아래에 있는 크랭크 케이스 속으로 들어가 기름을 베어링 캡(Bearing cap)으로 보내 주고, 그곳에서 기름은 주요한 _____ 을 윤활시킨다.

167 이 기름은 다음에 크랭크축에 뚫린 통로로 들어간다.

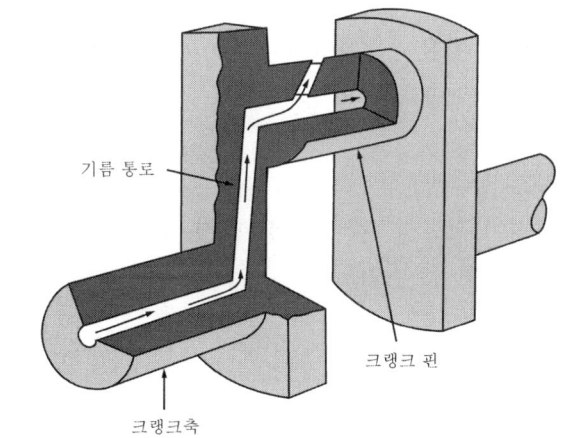

이들 통로는 _____ 으로 통한다.

답 **166.** 베어링 **167.** 크랭크 핀

168 기름은 크랭크 핀을 윤활시킨 다음에 연결_____에 뚫린 통로로 들어간다.

169 압축기에 있어서 억지로 연결봉을 거쳐 나온 기름은 크로스헤드 핀 _____을 윤활시키게 된다.

170 조립 엔진(Integral engine)의 경우에 기름은 피스톤 _____ 베어링을 윤활시킨다.

171 피스톤 핀 베어링으로부터 기름은 _____ 두부에 있는 냉각실 속으로 흘러 들어간다.

172 이 기름은 모두 최종적으로 크랭크 케이스 _____ 속으로 되돌아간다.

173 강제 도입식 윤활은 또한 캠축(Cam shaft) _____ 에도 적용되고 있다.

174 같은 방법으로 윤활유는 조속기(Governor) 및 엔진 윤활 장치로 도입되며, 엔진 윤활 장치는 조립 엔진의 동력 _____의 상부 벽으로 기름을 공급한다.

175 윤활유의 품질이 적합할 때는, 또한 패킹 윤활 장치 및 압축기의 _____ 벽으로도 기름을 공급할 수 있다.

답 **168.** 봉 **169.** 베어링 **170.** 핀 **171.** 피스톤 **172.** 기름 받이통 **173.** 베어링 **174.** 실린더 **175.** 실린더

176 아래의 그림은 조립 엔진이 달린 압축기의 내부에 있는 몇 개의 윤활점을 타나낸 것이다.

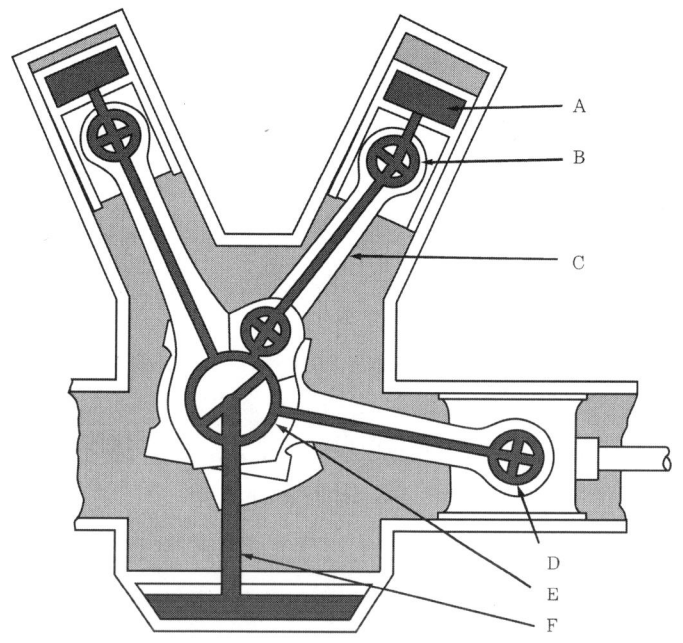

각 부품의 명칭을 기입하여라.
A. _____   D. _____
B. _____   E. _____
C. _____   F. _____

177 오일 펌프는 _____를 시동시킬 때까지는 기름을 돌리지 않는다.

178 모든 점을 윤활시키기에 충분한 압력을 조성하는 데는 시간이 걸린다. 압축기의 부품 중에는 _____ 없이 돌리면 파손되는 것도 있다.

179 대형 장치에는 사전 윤활유 펌프(Pre-lube pump)가 흔히 달려 있어, 기계가 시동되기 _____ 오일계를 5~10분간 가압시키게 되어 있다.

---

176. A. 피스톤 냉각기 B. 피스톤 핀 베어링 C. 연경봉 D. 크로스헤드 핀 베어링 E. 크랭크축 또는 주 베어링 F. 윤활 모관 **177.** 원동기 또는 동륜 **178.** 윤활유 **179.** 전에

180 사전 윤활유 펌프는 주 오일 펌프와 병렬로 연결되어 있다.
사전 윤활유 펌프는 크기가 작을 뿐 아니라 펌핑 _____도 작다.

181 사전 윤활유 펌프는 보통 공장 공기를 사용하여 동력을 주는 공기 모터나 또는 소형 전기 모터에 의해 구동된다.
사전-윤활계는 압축기 동륜에 따라 (작동된다/작동되지 않는다)〉

182 주 오일 펌프가 시동된 다음 사전 윤활유 펌프를 _____시킨다.

183 때로 크랭크 케이스로부터 오는 기름은 실린더 및 패킹을 윤활시키는 데 사용된다. _____ 유를 여과시켜 실린더 및 패킹용으로 재사용될 때는, 크랭크 케이스 유의 교환은 더 빈번히 필요하게 된다.

184 그러나 여러 압축기는 실린더 및 패킹용으로 상이한 종류의 _____를 필요로 한다.

185 실린더 및 패킹에 대한 윤활은 한 개 또는 몇 개의 분리된 강제 도입식 윤활 장치를 사용하여 시행된다.

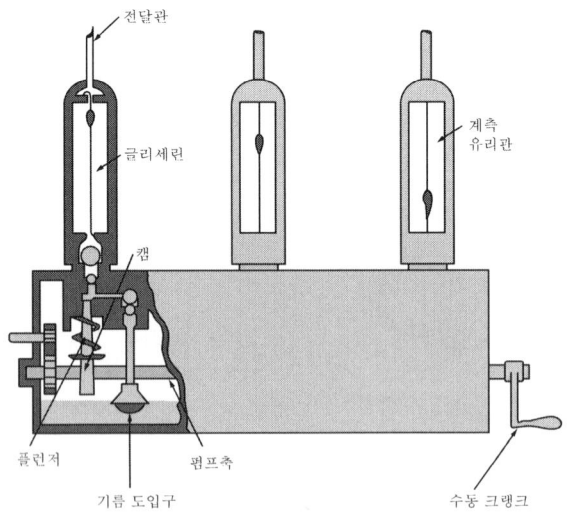

각 윤활 장치에 한 개 또는 몇 개의 소형 플런저 _____가 달려 있다.

답 **180.** 용량 **181.** 작동되지 않는다 **182.** 조업 중지 **183.** 크랭크 케이스 **184.** 윤활유 **185.** 펌프

제4장 | 왕복 압축기의 구조(Construction of Reciprocating Compressor)

186 보통 원동기로 구동되는 펌프축도 또한 분리된 모터를 사용하여 구동시킬 수 있다.
기름은 계측 유리관(Sight glass)을 거치고 위의 _____을 거친 다음, 윤활점에 설치된 체크 밸브로 위로 압송된다.

187 동일한 기계에서 여러 개의 실린더가 사용되고, 또 한 가지보다 많은 종류의 기름을 필요로 할 때는 _____된 윤활 장치를 사용할 수 있다.

188 원동기가 시동되기 전에 윤활 장치는 수동 _____를 사용하여 작동시킬 수 있다.

189 계측 도입 원료 지시계(Sight-feed indicator)에는 글리세린수 또는 비슷한 용액이 가득 들어 있다.
_____은 더욱 무거운 글리세린수를 통과하여 위의 도출구로 옮겨 나간다.

190 결과적으로 글리세린의 일부는 기름과 함께 운반된다. 이때에는 _____을 교환해 줄 필요가 있다.

191 오일 라인은 윤활 장치로부터 윤활 연결 장치로 통한다.

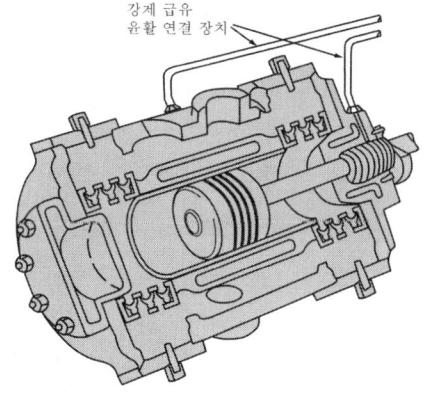

위의 그림에서 하나의 연결 장치는 패킹 눌림쇠에 급유하고, 또 다른 연결 장치는 _____ 속으로 급유하게 되어 있다.

---

186. 배관 **187.** 분리 또는 구분 **188.** 크랭크 **189.** 기름 **190.** 글리세린
191. 실린더

192 윤활 장치의 연결관에는 체크 밸브가 설치되어 있다.
이 밸브는 기체가 _____ 속으로 거꾸로 흐르는 것을 막는다.

193 압축기에 사용하는 윤활유의 종류는 윤활유 제조업자 또는 공장의 윤활 전문가가 명시하게 되어 있다.
기름은 품질이 올바르고 또 명시된 _____이어야 한다.

194 고온하에서 파괴 또는 분해되는 기름도 있다. 밸브 및 그 밖의 압축기 부품에 대한 침식 및 폐색 현상은 _____의 분해에 의해 초래되는 수가 있다.

195 압축기에 따라서는 실린더유가 흡입관을 거쳐 도입되는 수도 있다.
기름은 _____와 함께 분사되어 밸브 및 실린더 부품을 덮는다.

196 고온하에서 기름이 너무 많을 때는 코크스가 생성되어 밸브를 폐색하게 된다.
이들 압축기 내의 밸브는 정기적으로 _____해 주어야 한다.

197 실린더 및 패킹용 윤활유는 고도로 안정성 있는 기름이어야 한다.
이들은 또한 탄소 찌끼가 (많은/적은) 기름이어야 한다.

198 산소 존재하에서 상용 윤활유는 점화될 수 있다. 윤활유를 산소 또는 공기를 압축시키고 있는 실린더 속으로 도입(시켜야 한다/시켜서는 안 된다).

199 공기 압축기에서는 실린더 및 패킹용으로 내화성 합성 _____를 사용하여야 한다.

답 192. 윤활 장치 193. 등급 또는 형태 194. 윤활유 195. 기체 196. 청소 또는 점검
197. 적은 198. 시켜서는 안 된다 199. 윤활유

200 윤활유의 사용량은 압축기마다 다르고 또 동일한 압축기라도 시간에 따라 다르게 된다. 압축기에 필요한 윤활유의 _____을 알기 위해서는 경험과 주의깊은 관찰을 필요로 한다.

201 일반적으로 대형 압축기에 대한 패킹용 윤활유의 양은 일당 1파인트(Pint) 내지 2쿼트(Quart)가 필요하며, 또 실린더용 윤활유는 1파인트 내지 3쿼트가 필요하다. 만일 윤활유를 이보다 많이 부어주어야 한다면, 사용 중의 윤활유가 올바르지 못한 _____ 이라는 것을 말해 준다.

(8) 냉각(Cooling)

202 기체는 압축됨에 따라 그 온도가 상승한다.
압축기의 냉각계는 압축_____의 일부를 제거시킨다.

203 아래의 그림은 소형 공기 압축기이다.

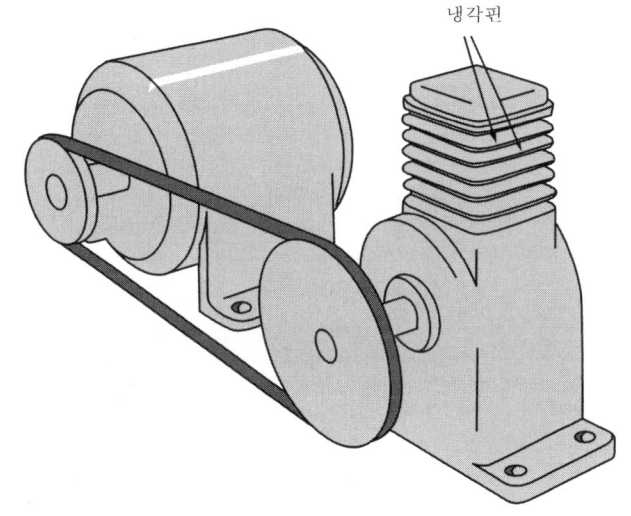

냉각핀

실린더는 냉각_____과 함께 만들어져 있다.

답 **200.** 양 **201.** 등급 **202.** 열 **203.** 핀

204 핀(Fin)은 공기에 노출된 복사 표면의 양을 증가시킨다.
다량의 압축열이 _____에 의해 운반된다.

205 대부분의 격무용 압축기에 있어서는 공기 냉각은 충분하지 못하다.

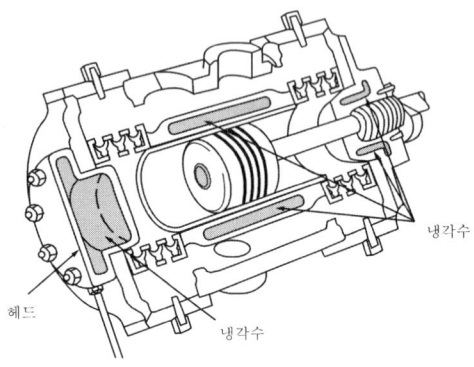

실린더 및 두부를 재킷으로 씌워 냉각_____가 순환할 수 있게 되어 있다.

206 패킹 조립품은 때로 물로 냉각해 준다.
_____이 패킹으로부터 열을 제거시킨다.

207 대부분의 경우 압축비가 3보다 큰 압축기는 다단식으로 되어 있다.

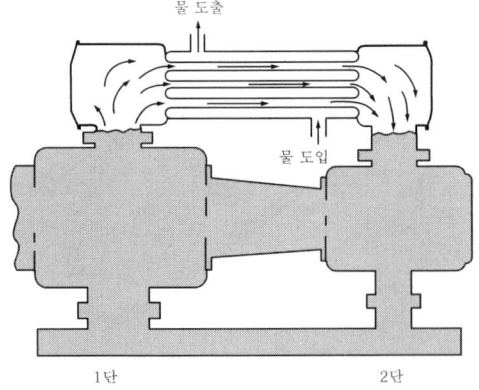

중간 냉각기(Intercooler)는 두 개의 단 (사이의/다음의) 기체를 냉각시켜 준다.

답   **204.** 공기   **205.** 수 또는 액   **206.** 물   **207.** 사이의

제4장 | 왕복 압축기의 구조(Construction of Reciprocating Compressor)

208 압축기에 따라서는 최종 냉각기(Aftercooler)를 사용하는 것도 있다.
최종 냉각기는 기체가 _____로부터 나온 후에 냉각시킨다.

(9) 안전 관리(Safety Control)

A. 안전 밸브(Safety Valve)

209 지금 압축기가 조업되고 있는 동안 사고로 인해 토출관 속의 밸브가 닫혔다고 가정을 하자.
라인 및 토출 기체 재킷 속에 잡혀 있는 기체는 점점 큰 _____을 만들게 된다.

210 이때에는 압축기가 과부하되든지 그렇지 않으면 압축기 부품, 또는 배관의 어떤 부분이 _____ 하게 된다.

211 안전 밸브 또는 파열 원판(Rupture disc)은 (가능할 때) 압축기 내의 과대한 압력을 방지해 준다.

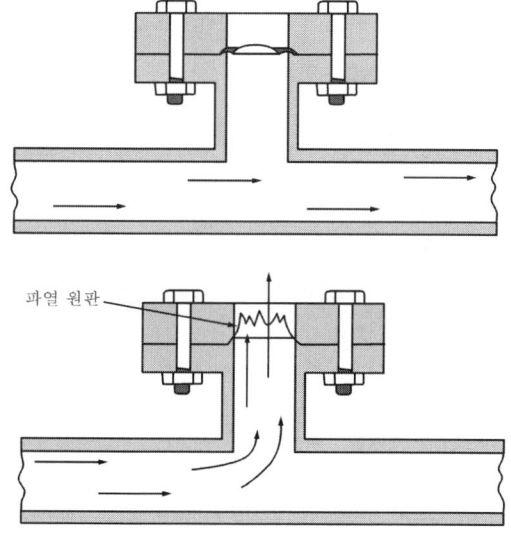

이 밸브는 과대한 토출 압력하에서 _____되는 원판을 가지고 있다.

답 208. 압축기 209. 압력 210. 파열 211. 파열

212 안전 밸브는 기체를 배기관 또는 플레어관(Flare line)으로 토출시킨다. 안전 밸브는 실린더의 도출구 노즐(Outlet nozzle)과 토출관 속의 첫 번째 _____ 사이에 설치해 주어야 한다.

213 여러 개의 단이 있는 압축기에서는 안전밸브를 각 _____의 뒤마다 사용해 준다.

214 아래의 그림은 스프링 부하(Spring-loaded) 안전 밸브를 나타낸 것이다.

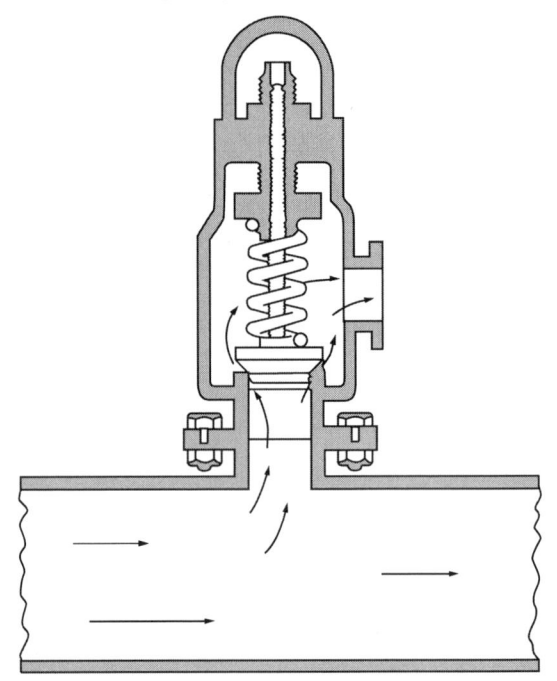

밸브를 여는 데 필요한 압력은 _____의 압축에 따라 결정된다.

215 스프링 부하 밸브는 원판 밸브와는 달리 사용 후에 매번 _____할 필요가 없다.

---

212. 밸브 또는 블록   **213.** 실린더 또는 단   **214.** 스프링   **215.** 교환

제4장 | 왕복 압축기의 구조(Construction of Reciprocating Compressor) 157

216 스프링 부하 안전 밸브는 조정해 준 압력하에서 헐떡이는 것을 확인하기 위해 정기적으로 _____ 해 주어야 한다.

217 안전 밸브는 정기적으로 시험하고 잘 _____ 해 주어야 한다.

218 토출관의 압력이 실린더의 안전 작동 압력(Safety Working Pressure : SWP)에 달하면 밸브는 열리게 된다.
안전 밸브는 실린더의 SWP보다 크지 않고, 또 실린더의 압력이 _____의 110%를 초과하는 것을 막도록 충분히 크게 조정해 주어야 한다.

219 다단식 장치에는 안전 밸브는 (최고/최하)단 실린더의 SWP로 조정해 준다.

B. 조속기 및 과속 방지 장치(Govenor and Overspeed Trip)

220 몇 개의 중요한 장치가 압축기 및 그 동륜(Driver)의 안전 조업을 조절하는 데 사용되고 있다.
엔진에서는 엔진의 회전을 일정한 _____로 유지시키기 위해 조속기(Governor)가 사용된다.

221 조속기는 엔진의 형식에 독특하게 적합하도록 되어 있다.
대부분의 조속기는 엔진의 스로틀(Throttle) 또는 혼합 밸브를 _____시킴으로써 연료 또는 연료-공기 혼합물의 양을 조절하게 되어 있다.

답 **216.** 점검 **217.** 조정 **218.** SWP(Safety Working Pressure) **219.** 최고
220. 속도 또는 RPM **221.** 개폐

222 기계적 조속기는 기어를 거쳐 엔진의 크랭크축에 연결되어 있다.
대부분의 조속기는 직접 스로틀 또는 혼합 밸브에 연결되어 조속기의 조절 요소가 움직이게 되면 _____의 속도를 일정하게 유지시키게끔 연료 혼합물을 충분히 변화시키도록 되어 있다.

223 수압식 조속기(Hydraulic governor)에서는 조속기의 작동 기구를 조절하는 데 수압 유체를 이용한다.
이 조속기도 또한 기어 장치를 거쳐 엔진의 크랭크축에 연결되어 있지만, 이것은 보통 기계적 조속기보다도 더욱 정밀하게 _____를 조절해 준다.

224 수압식 조속기는 기계적 조속기보다 더욱 민감하므로, (수압식/기계적) 조속기가 달린 엔진은 속도를 더욱 일정하게 유지시킬 수 있다.

225 대부분의 엔진에는 과속 방지 장치(Overspeed trip)가 달려 있으며, 이것은 엔진의 구동축(Drive shaft)이나 또는 엔진의 기타 적당한 곳에 설치된다.

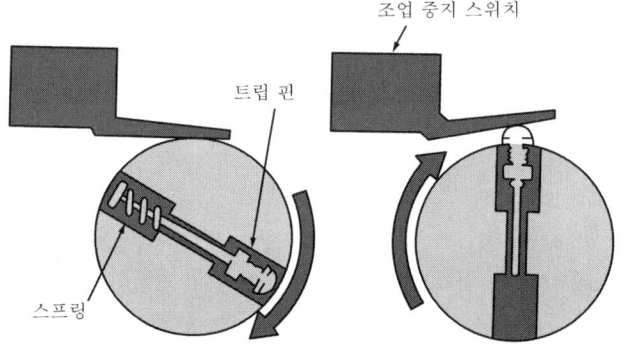

트립 핀(Trip pin)은 정상시에는 압축 _____의 작용으로 우묵한 곳에 들어박혀 있도록 설계되어 있다.

226 엔진의 속도가 과도하게 커지면 원심력에 의해 _____이 축 바깥으로 나오게 된다.

답 **222.** 엔진 **223.** 속도 또는 RPM **224.** 수압식 **225.** 스프링 **226.** 핀

227 핀이 바깥으로 나오면 스위치를 벗겨주게 되며, 이때 _____에 대한 조업 중지 스위치를 작동시키게 된다.

228 만일 부하가 엔진으로부터 갑자기 제거되면 조속기는 적절하게 반응할 수 없게 된다.
이때에는 _____가 엔진의 조업을 중지시킨다.

229 과속 방지 장치는 점화를 중지시키거나, 또는 _____의 공급을 중단시키거나, 또는 이 양쪽을 모두 중지시키게 된다.

230 조속기 때와는 달리, 과속 방지 장치는 저절로 재조정될 수는 없다.
과속 장치는 손으로 _____ 해 주어야 한다.

C. 유압 및 수온의 조절
(Oil Pressure and Water Temperature Control)

231 모든 엔진과 대부분의 신식 압축기에는 아래의 경우 원동기(Prime mover)를 조업 중지시키는 장치가 달려 있다.
주 오일 모관(Main oil header) 내의 압력이 위험한 정도로 ___①___ 떨어질 때, 구동되고 있는 엔진의 재킷 속의 수온이 위험한 정도로 ___②___ 올라갈 때.

232 저유압 조업 중지 장치는 윤활계의 압력이 _____일 때는 작동시키지 말아야 한다.

답 **227.** 엔진 **228.** 과속 방지 장치 **229.** 연료 **230.** 재조정 **231.** ① 낮게 ② 높이 **232.** 정상

233 이 장치가 작동되고 있을 때에 일어나는 한 가지 예로서는, 엔진에 대한 연료 공급이 중단되는 수가 있다.
다른 예로는, 조업 중지가 전기 모터의 전력 _____를 끊어버리는 수가 있다.

234 또 다른 예로서는, 조업 중지가 엔진의 점화계를 _____시키는 수가 있다.

235 때로는 조업 중지가 ① 를 단축시키고, 동시에 엔진에 대한 주 ② 모관을 막아 버리는 수가 있다.

236 냉각계에는 보통 자동 조업 중지 장치가 장비되어 있다.
이 장치는 냉각수의 _____가 위험한 정도로 높아지면 작동되도록 조정된다.

237 자동 장치는 다음의 경우 조업 중지시키게 된다.
엔진이 ① 을 일으킬 때,
윤활유 모관의 압력이 너무 ② 떨어질 때,
냉각수가 너무 ③ 될 때

238 이들 안전 장치의 대부분은 손으로 다시 조정해 주어야 한다.
약간의 것은 _____ 재조정된다.

239 자동 조업 중지를 바라지 않을 때는, 조업 조건이 _____ 되면 경보가 울려 조업원에게 경고를 주는 경보 장치를 설치해 줄 수 있다.

답 233. 회로 또는 공급 234. 단락 또는 접지 235. ① 점화계 ② 연료 236. 온도
237. ① 과속 ② 적게 ③ 뜨겁게 238. 자동적으로 239. 불안전하게

240 경보 장치를 사용하면 문제가 위험해지기 전에 조업원이 문제점을 _____할 수 있다.

241 만일 교정시 적시에 시행되지 않았을 때는, 자동 조절 장치가 압축기를 _____시키게 된다.

---

240. 교정 또는 해결　**241.** 정지

CHAPTER 05

조업
(Operation)

1. 시동 및 조업 중지(Start-up and Shutdown)

001 조업원은 그가 조업하고 있는 각 압축기에 대한 시동 및 조업 중지 절차를 알 필요가 있다.
이들 절차는 모든 압축기 장치에 대하여 (동일하다/동일하지 않다).

002 각각의 압축기 및 그 동륜(Driver)에 대하여 조업 및 정비를 위한 교본(Manual) 및 지도서가 준비되어 있다.
조업원은 압축기를 시동시키기 전에 _____을 공부하고 그 절차를 기억하여야 한다.

003 교본과 장비를 잘 알고 있는 조업원은, 보통 잘못된 기능을 찾아낼 수 있고 또 사태가 심각해지기 전에 이것을 _____해 줄 수 있다.

004 압축기를 시동시키기 전에, 모든 정비 작업이 _____된 것을 책임 감독자와 함께 점검하고 확인하여야 한다.

005 압축기 및 조업에 관한 모든 안정 규정을 알아야 하며, 또 이들 규정이 항시 _____되는 것을 점검 확인하여야 한다.

(1) 시동 준비(Prestart-up)

006 압축기는 시동 전에는 부하가 (걸려 있다/걸려 있지 않다).

답 1. 동일하지 않다 2. 교본 3. 교정 4. 완료 5. 준수 6. 걸려 있지 않다

007 작동시키기에 앞서 블록 밸브, 벤트 밸브 및 바이패스 밸브 등의 조정 상태를 점검하여야 한다.
시동 준비 중 벤트 밸브는 (① 열어/닫아)주고 또 흡입 및 토출 블록 밸브는 (② 열어/닫아) 주어야 한다.

008 모든 수리 작업은 끝났고, 모든 덮개는 교환되었고 또 모든 위험 표시 꼬리표는 책임자에 의해 제거되었다는 것을 점검 확인하여야 한다. 새로이 사용하거나 조정해준 압축기 또는 장기간 사용하지 않았던 압축기는 시동 전에 철저히 _____하여야 한다.

009 압축기로 넣어주는 기체는 계속적이어야 하며, 또 깨끗하고 건조되어 있어야 한다.
흡입 _____ 속에는 액체가 들어 있지 않은 것을 확인하여야 한다.

010 공기 압축기에는 도입부 여과기가 제자리에 설치되어 있을 뿐 아니라 또 이것이 _____ 한다.

011 모든 베어링은 시동 전 _____으로 윤활시켜 주어야 한다.

012 시동하기 전에 크랭크 케이스를 점검하여 _____이 특정 높이까지 채워져 있는 것을 확인하여야 한다.

013 크랭크 케이스의 유면 높이를 점검한 후, 기름이 실린더 및 _____에 달할 때까지 윤활 장치의 크랭크를 손으로 돌려 준다.

📖 7. ① 열어 ② 닫아 8. 점검 9. 기체 또는 라인 10. 깨끗하여야 11. 기름 12. 기름
13. 패킹

014 압축기에 사전 윤활 장치가 달려 있을 때는, 사전 윤활유 펌프를 시동 전에 5 내지 10분간 _____.

015 주위 가까이에 사람이 없는 것을 확인한 후, 막대를 사용하여 장치를 완전히 한 바퀴 돌려 주고 난 다음 필요시는 시동 위치로 들어간다. 이렇게 하면 실린더에 장애가 있을 때 알 수 있고, 또 베어링이 너무 _____ 죄어져 있을 때도 알 수 있다.

016 각 냉각계에서 냉각수가 _____ 되고 있는 것을 점검 확인하여야 한다.

017 단 사이의 중간 냉각기로서 선풍기(Fan)를 사용하는 것도 있다.
선풍기를 시동시키고 이들이 잘 _____ 되고 있는가를 점검 확인하여야 한다.

018 오일 냉각기를 사용할 때는 모든 오일 밸브 및 워터 밸브가 올바른 조업 _____ 에 놓여 있는 것을 확인하여야 한다.

019 상술한 시동 준비시에 적용할 모든 점검 및 안전 절차는 압축기의 동륜에 대해서도 또한 적용하여야 한다.
만일 동륜에 분리된 윤활계 및 냉각계가 설치되어 있다면, 시동 전에 이들이 올바른 _____ 위치에 놓여 있는 것을 확인해 주어야 한다.

020 모든 안전 조절 및 경보 장치는 올바르게 _____ 되어 있는지, 그리고 또 좋은 조업 상태에 놓여 있는지를 점검 확인하여야 한다.

---

14. 돌려 준다 **15.** 단단하게 **16.** 순환 **17.** 회전 **18.** 위치 **19.** 조업 또는 시동
20. 조정

021 플라이 휠(Flywheel), 벨트 및 그 밖의 움직이는 부품에는 보호물(Guard)이 달려 있다.
이들 _____이 올바로 설치되어 있는가를 점검하여야 한다.

022 기름을 흘린 곳이나 그 밖의 위험한 물건을 조업 지역으로부터 _____하여야 한다.

023 압축기를 시동하기 전에 다음의 조치를 취해야 한다.
모든 압축기 부품을 좋은 조업 ___①___ 하에 둔다.
벤트 밸브는 ___②___ 압축기의 블록 밸브는 ___③___.
도입 기체는 깨끗하고 또 ___④___ 이 들어 있지 않다.
윤활계 및 ___⑤___계는 조업되고 있거나 또는 조업될 준비가 완료되어 있다.
안전 밸브(Relief valve) 및 기타 자동 조절 장치는 잘 ___⑥___ 되어 있다.

(2) 시동(Start-up)

이제 압축기를 시동시킬 준비가 완료되었다. 시동 절차는 각 장치마다 상이하지만, 여기서는 일반 지침으로서 아래에 시동 절차를 기술하였다.

024 장치의 어떤 부분을 시동시키기 전에, 조업원은 마지막 점검을 하기 위해 장치의 주위를 완전히 걸어서 돌아 보아야 한다.
압축기에 부하를 걸어주기 전에 _____를 시동시켜야 한다.

025 엔진 및 터빈은 부하를 걸어주기 전에 일정 시간의 준비 운동을 필요로 한다.
모터 구동 장치는 즉시 _____를 걸러줄 수 있다.

답 **21.** 보호물 **22.** 제거 또는 청소 **23.** ① 상태 ② 열고 ③ 닫는다 ④ 액체분 ⑤ 냉각 ⑥ 조정 **24.** 원동기 또는 압축기 동륜 **25.** 부하

26 새로 사용하는 패킹 링에는 시동 전에 기름을 여분으로 더 많이 넣어줄 필요가 있다. 특별한 지시가 없는 한, 새로운 _____을 사용할 때는 패킹에 부하를 걸지 않고 기름을 많이 넣어주면서 2~3시간 돌려 주도록 한다.

27 그 다음에 점차로 패킹 장치(Packer)에 _____를 걸어주고, 과열 또는 분출 현상(Blowing)이 나타나지 않는가를 주의깊게 관찰한다.

28 아래의 그림은 기체가 방출되는 배기계(Vent system)를 나타낸 것이다.

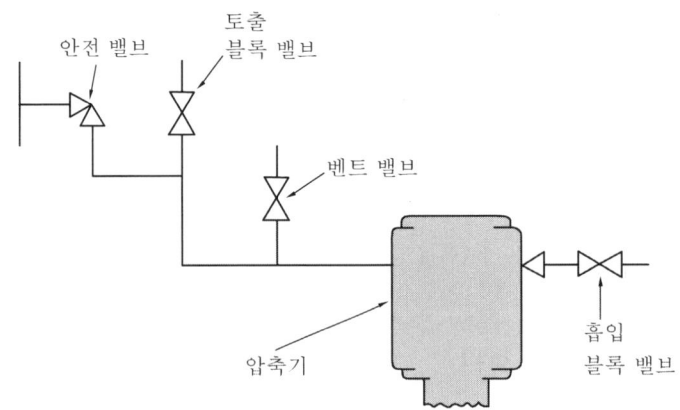

벤트 밸브는 실린더의 토출 노즐과 _____ 밸브 사이에 설치되어 있다.

29 압축기에 부하를 걸기 시작할 때는, _____가 들어오는 소리가 들릴 때까지 토출 블록 밸브를 천천히 열어준다.

30 _____ 밸브를 닫기 시작한다.

31 토출 블록 밸브를 여는 일과 벤트 밸브를 닫는 일을 번갈아 가며, 토출 블록 밸브는 완전히 ① _____ 또 벤트 밸브는 완전히 ② _____ 때까지 실시해 준다.

답 26. 패킹 링 27. 부하 28. 토출 블록 29. 기체 30. 벤트 31. ① 열리고 ② 닫힐

032 그 다음에 천천히 _____ 블록 밸브를 열어줌으로써 점차로 부하를 걸어 준다.

033 만일 처음에 흡입 블록 밸브를 열어줄 것 같으면, 실린더의 토출 블록 밸브 사이에서 기체의 압력이 증가하여 안전 밸브(Relief valve)를 _____ 한다.

034 만일 토출 밸브가 아직도 일부 닫혀 있는 동안 흡입 밸브가 열릴 것 같으면, 아마도 기체는 _____ 밸브를 거쳐 억지로 배출되게 된다.

035 토출 블록 밸브를 완전히 (열기 전에/연 다음에) 흡입 블록 밸브를 천천히 열어 준다.

036 아래의 그림은 다단식 장치를 나타낸다.

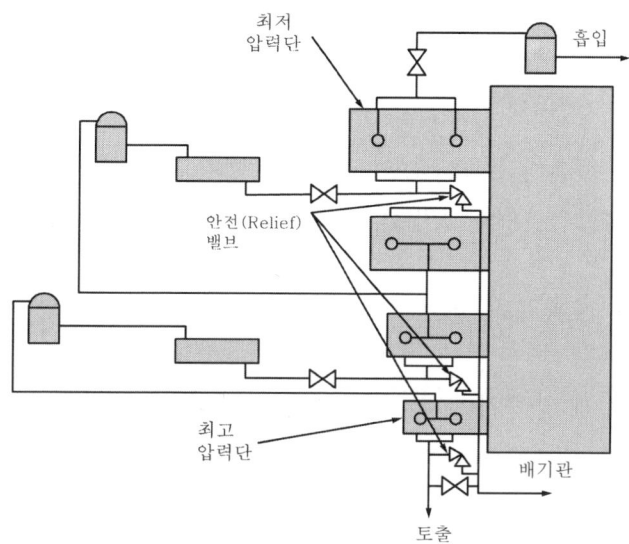

장치계에서 과압 현상(Overpressuring)을 막기 위해 항상 먼저 (최고/최저) 단에 부하를 걸어준다.

답 32. 흡입 33. 열리게 34. 안전 35. 연 다음에 36. 최고

037 그 다음에 다음 번으로 높은 _____의 실린더에 천천히 부하를 걸어주고, 또 그 다음 번으로 부하를 걸어주어 결국에는 압축기에 완전히 부하를 걸어주도록 한다.

038 단(Stage) 사이의 배관에 블록 밸브가 설치되어 있지 않을 때는 다단식 장치는 마치 _____식일 때와 같이 부하를 걸어준다.

039 관 속에서 진공이 생길 가능성이 있을 때는 결코 배기공(Vent)을 사용해서는 안 된다.
각 실린더의 흡입부와 _____의 양쪽에 블록 밸브가 설치되어 있지 않는 한, 다단식 장치에서 단 사이의 배관에 배기공이 붙어 있어서는 절대로 안 된다.

040 지금 단 사이의 배관에는 블록 밸브가 설치되어 있지 않다고 가정하자.
만일 시동 중 배기공을 열어두면 _____가 들어가게 된다.

041 다단식 실린더나 몇 개의 실린더가 병렬로 되어 있을 때나 또는 단 사이에 블록 밸브가 달려 있지 않는 다단식 장치일 때는 다음과 같이 하여 부하를 걸어준다.
첫째로, 토출 블록 밸브를 ___①___ 일과 벤트 밸브를 ___②___ 일을 교대로 해 준다.
그 다음에 압축기에 완전히 부하가 걸릴 때까지 흡입 블록 밸브를 천천히 ___③___.

042 상술한 모든 경우에 있어서, 장치는 마치 _____ 실린더인 것처럼 시동시켜 준다.

답 **37.** 단 **38.** 단단 **39.** 토출부 **40.** 공기 **41.** ① 여는 ② 닫 ③ 열어준다 **42.** 단일

043 단 사이에 블록 밸브가 달려 있는 다단식 장치에서는, 최고단 실린더에 (맨 먼저/마지막으로) 부하를 걸어준다.

044 압축기 중에는 토출부로부터 흡입부로 가는 시동 바이패스를 설치해 준 것도 있다.
이때에는 시동시키기 전에 다음과 같이 밸브를 조정해 준다.
흡입 블록 밸브는 열어준다.
벤트 밸브(만일 있을 때는)는 ___①___.
토출 블록 밸브 ___②___.
바이패스 밸브는 ___③___.

045 그 다음에 토출 밸브를 약간 ___①___ 준 다음, ___②___ 밸브를 열면서 ___③___ 밸브를 닫아줌으로써 압축기에 부하를 걸어준다.

046 압축기에 완전히 부하를 걸어준 다음, 패킹을 점검하고 기체가 패킹 라인 배기공이나 패킹 눌림쇠 등에서 _____ 않는 것을 확인한다.

047 패킹 링을 새로 사용할 때는, 부하를 걸어주는 동안 여분의 _____를 패킹에 공급해 준다.

048 압축기의 토출부, 물재킷, 윤활유 및 패킹 등의 온도가 윤곽을 나타낼 때까지 온도 변화에 유의한다.
이들 온도는 압축기에 대한 허용 _____ 내로 유지되어야 한다.

답 **43.** 맨 먼저 **44.** ① 닫아준다 ② 닫아준다 ③ 닫아준다 **45.** ① 열어 ② 토출 ③ 바이패스 **46.** 새지 **47.** 윤활유 **48.** 범위 또는 한계

049 밸브가 _____ 않는 것을 확인하기 위해 밸브 덮개를 계속하여 만져 보아야 한다.

(3) 조업 중지(Shutdown)

050 동륜(Driver)을 조업 중지(시키기 전에/시킨 다음에) 압축기에 대한 부하를 없애 주어야 한다.

051 부하를 제거시키는 조업은 부하를 걸어주는 조업의 역순으로 된다.
압축기의 부하를 제거시키려면 맨 먼저 천천히 흡입 블록 밸브를 _____.

052 흡입 블록 밸브를 완전히 닫아준 다음, 번갈아 가면서 ___①___ 밸브를 열어주고 또 ___②___ 밸브를 닫아준다.

053 압축기는 이제 부하가 (걸렸다/제거되었다).

054 부하를 제거할 때는, 토출 밸브를 완전히 닫아주기 전에 벤트 밸브 또는 바이패스 밸브가 완전히 열려 있는 것을 확인하여야 한다.
그렇지 않으면 부하를 제거시키는 동안 안전 밸브(Relief valve)가 _____ 된다.

055 단 사이에 블록 밸브가 달린 다단식 장치일 때는, (최고/최저)단의 부하를 맨 먼저 제거시켜야 한다.

답 49. 새지 또는 과열되지 50. 시키기 전에 51. 닫아준다 52. ① 벤트 ② 토출 블록
53. 제거되었다 54. 열리게 55. 최저

056 그 다음에 계속하여 낮은 단의 부하를 제거하여, 마지막으로 _____단 실린더에 대한 부하를 제거해 준다.

057 조업 중지용 바이패스가 달린 압축기에 대한 부하는 토출 밸브를 _____ 때에 바이패스를 열어줌으로써 제거시킨다.

058 압축기에 대한 부하를 없애준 다음에 _____를 조업 중지시킬 수 있다.

059 원동기가 엔진이건 터빈이건 또는 모터이건간에, 압축기 때와 마찬가지로 부하를 없애준 상태로 몇 분간 _____ 주어야 한다.

060 원동기 및 압축기를 공전시켜 주면 불균일한 냉각으로 인한 금속 부품의 _____을 방지하게 된다.

061 조업 온도가 골고루 떨어진 다음 장치는 _____시킬 수 있다.

062 원동기 또는 압축기 동륜을 조업 중지시킬 때는 _____를 따라야 한다.

답 56. 최고 57. 닫아줄 58. 원동기 또는 압축기 동륜 59. 돌려 60. 손상
61. 조업 중지 62. 절차 또는 지시

2. 정상 조업(Normal Operation)

063 조업원은 압축기 및 압축기 동륜을 주기적으로 감시하여야 한다.
조업원은 압축기가 정상적으로 _____되고 있는 것을 확인하기 위해 주기적으로 점검을 시행하여야 한다.

064 조업원은 정기적으로 압축기 속의 압력, 온도 및 유속에 관한 측정값을 얻어야 한다.
이들 측정값의 상태가 꾸준히 변화되지 않으면, 아마도 압축기는 정상으로 돌고 (있을/있지 않을) 것이다.

065 흡입 또는 토출 _____, 온도 또는 유속에 어떤 변화가 일어나면, 이것은 조업이 좋지 못하다는 징후가 된다.

066 만일 모든 다른 조업 조건에는 변화가 없다고 하면, 기체의 토출 온도가 조금이라도 상승하는 것은 아마도 토출 밸브 또는 흡입 밸브가 _____ 것을 말해 준다.

067 모든 밸브 덮개를 손으로 대어 보아 고장난 밸브의 위치를 찾아낸 다음, 이것을 _____해 주어야 한다.

068 압축기의 윤활유 온도는 보통 125°F와 150°F 사이에 있도록 유지시킨다.
만일 온도가 이 범위로부터 벗어나게 되면 윤활유 _____는 올바로 조업하지 못하게 된다.

답 63. 조업 64. 있을 65. 압력 66. 샌다는 또는 고장났다는 67. 수리 또는 교환
68. 냉각기

069 또는 오일 펌프가 계 내로 충분히 많은 양의 _____을 순환시키지 못하게 된다.

070 조업원은 온도의 변화를 관찰하여 무슨 징후인가를 찾아내야 한다.
조업원은 장비를 점검하여 온도 변화의 _____을 구명하여야 한다.

071 만일 변화가 고장을 가리킬 때는, 문제점을 _____하기 위해 적절한 조치를 취해야 한다.

072 문제점이 윤활유 압력이 떨어지는 것이라고 가정하자.
윤활유 압력이 떨어지는 것은 _____가 막힌 것을 가리키는 수도 있다.

073 압력 강하가 일정한 압력차에 달하면 교환 가능한 여과기의 요소를 _____하여야 한다.

074 베어링이 파손되든지 또는 타버려도 또한 윤활유의 압력이 _____하게 된다.

075 실린더 또는 패킹에 있는 윤활유 라인 속의 체크 밸브가 막혀 버리는 수가 있다.
이것은 윤활 장치에 달린 _____ 유리관(Glass)을 관찰하면 알 수 있다.

076 실린더 냉각수의 온도가 변화되는 수도 있다.
이것은 _____수계의 조업이 좋지 않다는 것을 뜻한다.

---

69. 기름 **70.** 원인 **71.** 해결 **72.** 여과기 **73.** 교환 **74.** 강하 **75.** 계측(Sight)
76. 냉각

077 압축비가 상당히 크게 변화되면 실린더 속의 기체의 ___①___ 는 상승하게 되며, 따라서 토출 기체의 온도는 (② 상승/하강)하게 된다.

078 압축기의 토출 온도가 너무 높으면 조업을 손상시키는 원인이 된다.
토출 밸브의 수명이 높은 _____ 때문에 물질적으로 단축된다.

079 실린더의 압력 또는 압축기를 통한 유속이 불시에 변화하는 수가 있다.
실린더 밸브의 조작을 잘못해 주면 압축비의 (증가/감소)를 초래하게 된다.

080 압축기 또는 동륜이 울리는 소리(Sound)의 변화도 또한 기계 장치가 파손이나 고장이 난 것을 가리켜 준다.
조업원은 _____ 의 변화가 있을 때 그 원인을 조사하여야 한다.

081 압축기에 관한 변수(Variable)를 작업 일지에 기록 유지(Logging)하는 것은 장기적인 변화 및 경향을 아는 데 도움이 된다.
조업원은 작업 일지에 나타난 경향을 이용하여 사태가 악화되는 것을 미연에 _____ 할 수 있다.

082 중요한 압축기의 변수는 하루에 여러 번 점검하고 또 _____ 해 두어야 한다.

083 정기 정비(Preventive maintenance)란 회사의 시책 또는 업자의 권장에 따라 점검 및 정비를 규정된 절차에 의해 시행해 주는 계획을 말한다.
정기 정비의 이념은 (압축기의 정비 문제점을 예방/문제가 생겼을 때 해결)해 주는 것이다.

---

77. ① 온도 ② 상승　**78.** 온도　**79.** 감소　**80.** 소리　**81.** 방지　**82.** 기록
83. 압축기의 정비 문제점을 예방

084 정기 정비 계획에는 회사의 시책 및 경험에 따라 매월마다, 3개월마다, 반년마다 그리고 매년마다 점검 및 검사를 실시하는 방법 등이 있다.
효과를 얻기 위해서는 이들 계획을 주의깊게 _____하여야 한다.

085 강제 도입식 윤활 장치는 윤활유가 올바른 _____로 압송되고 있는가를 점검해 주어야 한다.

086 모든 도입 계측 유리관(Sight glass)은 _____가를 점검 확인하여야 한다.

087 기름 여과기를 검사하여 필요시는 요소를 _____해 주어야 한다.

088 기름을 정기적으로 시험하여야 하며, 윤활유 전문가의 결정에 따라 기름을 _____ 주어야 한다.

089 기체 압축기의 안전 조업은 장치 및 기체 동작의 성질에 관한 이해에 달려 있다.
탄화수소 기체와 공기의 혼합물은 가연성 혼합물을 만들 수 있으므로 탄화수소를 가공하는 장치 속으로 공기를 도입(하여야 한다/해서는 안된다).

090 압축기로부터 기체가 새어 나오거나 또는 _____가 압축기로 새어 들어가는 일이 없도록 주의하여야 한다.

091 액체는 압축시킬 수 없다.
_____를 압축기 속으로 들어가게 해서는 안 된다.

答 **84.** 시행 또는 준수 **85.** 속도 **86.** 깨끗한 **87.** 청소 또는 교환 **88.** 바꾸어
89. 해서는 안 된다 **90.** 공기 **91.** 액체

092 액체는 압축기를 심하게 _____시킬 수 있다.

093 압축기의 밸브 및 기타 부품은 도입 기체 속에 혼입된 작은 _____ 덩어리에 의해 심하게 손상을 받는 수가 있다.

094 대부분의 압축기에는 과_____으로부터 장치를 보호하기 위한 안전 밸브 (Relief valve)가 달려 있다.

095 안전 밸브(Relief valve)는 정기적으로 _____하고 수리해 주고, 필요시에는 재조정해 주어야 한다.

096 압축기의 동륜에도 또한 안전 밸브(Safety valve)가 달려 있는 수가 있다. 모든 안전 장치 및 안전 밸브(Safety valve) 등은 좋은 조업 _____하에 있도록 유지시켜 주어야 한다.

097 압축기가 조업되고 있는 동안 플라이 휠(Flywheel), 벨트 및 그 밖의 움직이고 있는 부품에 대한 _____은 제자리에 장비되어 있어야 한다.

098 정기적으로 점검을 시행하고 장치를 주의깊게 관찰하고, 또 기민하게 올바른 조치를 취하는 조업원은, 압축기의 조업을 안전하고도 _____으로 유지해 주는 것이 된다.

답 92. 손상 93. 액체 94. 압 95. 점검 96. 조건 97. 보호물 98. 효과적 또는 경제적

CHAPTER 01

원리
(Principles)

스팀 터빈은 그 크기, 모양, 구조 등이 서로 다를지 모르나, 대개의 스팀 터빈은 유사한 조업 방식과 유사한 원리에 따라 작동된다.

제2편의 제1장에서는 충동 터빈과 반동 터빈이 어떠한 경로로 열에너지를 기계적 에너지로 변환하는가에 대해서 배우게 된다. 또한 응축식 및 비응축식 터빈의 작동 원리, 터빈 속도 제어법, 그리고 다른 속도 조절 장치가 고장일 때에 대비한 과속 방지 장치로 손상으로부터 터빈을 보호해 주는 방법 등에 관하여 배우게 된다.

제2장에서는 터빈의 구조 즉 회전자, 덮개, 격막 밀폐 장치, 그리고 래버린스와 카본 링을 포함하는 충전함에 대하여 배우게 된다. 또한 베어링의 구조, 단식 및 복식 밸브 조속기, 그리고 윤활 계통에 대해서도 배우게 된다.

또 제3장에서는 터빈의 조업 및 조업상의 문제점, 즉 압력, 열, 그리고 응축 스팀 등의 영향, 불균일한 가열 및 냉각에 관한 문제, 스팀의 누출, 진동에 관한 문제점, 윤활 및 윤활에 관한 문제점, 속도 조절, 계장, 그리고 시동 전의 육안에 의한 점검법 등에 대하여 배우게 된다.

이러한 스팀 터빈에 대한 원리, 구조 및 제어 등에 대한 이해를 통하여 우리는 터빈에 대한 조업에 보다 더 효율적이고 안전하게, 그리고 또 자신있게 임할 수 있는 능력을 보유하게 된다.

1. 원리(Principles)

001 열(Heat)이란 열에너지(Thermal energy)의 흐름이다.
열_____는 기계적 에너지로 변화할 수 있다.

002 스팀 터빈은 열에너지를 _____ 에너지로 바꾸는 역할을 한다.

003 물이 비등하여 스팀으로 변할 때 스팀은 물보다 더 많은 에너지를 보유하게 된다.
밀폐된 용기 속에 든 물을 가열하면 물의 증기압은 (증가/감소)된다.

004 보일러 속의 스팀 압력은 _____을 가함으로써 증가된다.

005 밀폐된 용기 속에서는 압력은 축적된다.

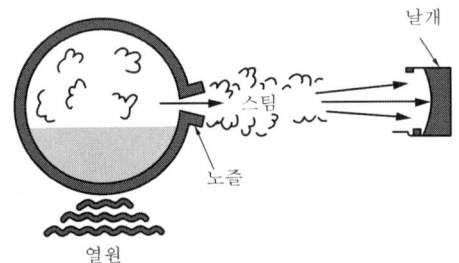

밀폐된 용기 속의 스팀 압력은 대기 압력보다 (높다/낮다).

006 더 높은 압력은 스팀으로 하여금 _____을 통해서 팽창하도록 한다.

답   1. 에너지 2. 기계적 3. 증가 4. 열 5. 높다 6. 노즐

007 스팀은 (빠른/늦은) 속도로 노즐을 통하여 밖으로 배출된다.

008 스팀의 분사는 날개(Bucket)를 때린다. 이때에 날개는 움직인다.
기계적 에너지는 고속의 _____이 날개를 움직일 수 있도록 때릴 때에 발생한다.

009 스팀이 노즐을 통하여 팽창할 때 그 압력은 (증가/감소)한다.

010 노즐을 통하여 스팀 압력이 감소함에 따라 스팀의 속도는 증가한다.
노즐은 스팀 압력을 스팀 _____로 바꾸는 역할을 한다.

011 고속의 스팀은 _____를 때림으로써 회전자를 돌게 하고, 결과적으로 기계적 일을 이룬다.

012 아래의 그림은 간단한 스팀 터빈을 보여 준다.

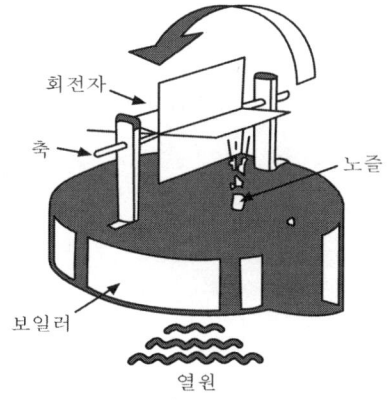

회전자는 _____ 위에 설치된 날개로써 구성된다.

답 7. 빠른 8. 스팀 9. 감소 10. 속도 11. 날개 12. 축

013 노즐은 _____의 흐름을 날개 쪽으로 유도하는 역할도 한다.

014 스팀 압력은 보일러 속에서보다 회전자 쪽에서 더 (① 높다/낮다)
스팀은 압력차가 없을 때는 흐를 수 (② 있다/없다).

015 압력차가 커지면 스팀의 유량이 (증가/감소)된다.

016 스팀이 노즐을 지나는 동안 그 압력과 온도는 (증가/감소)된다.

017 이때에 속도는 _____한다.

018 열에너지는 스팀 압력을 발생시키고 스팀의 압력은 노즐에 의해 스팀의 속도로 변환된다.
스팀이 날개를 친 후에는 스팀의 속도가 (증가/감소)된다.

019 회전자는 회전에 의해서 기계적인 일(Work)을 발생시킨다.
그리고 스팀은 에너지를 (얻는다/잃게 된다).

020 동일한 온도와 압력하에서 스팀의 양이 많으면 많을수록 더욱 많은 일을 하게 된다.
만일 노즐 수가 더욱 증가되든지 노즐이 더욱 커지면 더 (① 많은/적은) 스팀이 날개를 때린다.
노즐 수가 많을수록 또 더 클수록 더욱 많은 _____② 일을 발생시킨다.

답 13. 스팀 14. ① 낮다 ② 없다 15. 증가 16. 감소 17. 증가 18. 감소 19. 잃게 된다
20. ① 많은 ② 기계적

PART 02

스팀 터빈
(Steam Turbine)

제1장 원리(Principles)
제2장 부품 및 장비
       (Parts and Equipment)
제3장 조업(Operation)

21. 스팀의 양을 증가시키기 위해서는 압력차를 ___①___ 시키든지 압력차를 일정하게 유지시키면서 노즐 수나 크기를 ___②___ 시켜야 한다.

22. 노즐의 사용 목적은
날개에 스팀을 ___①___ 시켜 스팀 ___②___ 을 스팀 ___③___ 로 바꾸기 위해서이다.

23. 다음의 그림은 앞에 보여 준 터빈과는 다른 타입이다.

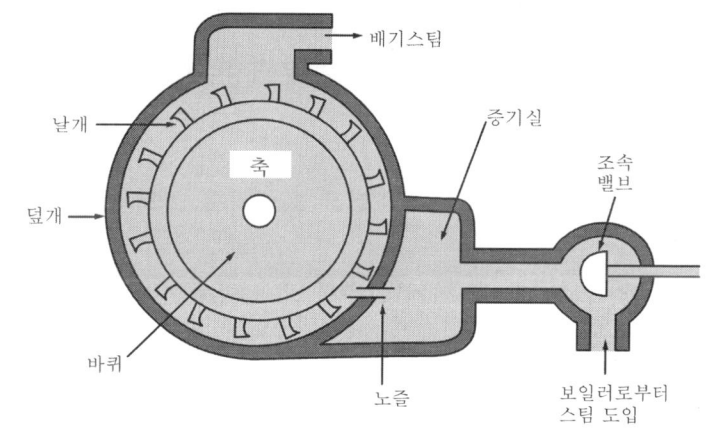

날개는 _____의 면에 설치되어 있다.

24. 세 가지 기본적인 요소는 회전자, 노즐 그리고 _____의 발생원(보일러)이다.

25. 노즐은 _____의 벽에 설치되어 있다.

26. 증기실(Steam chest) 속으로 들어가는 스팀의 양은 조속기(Governor) _____에 의해서 조정된다.

답 21. ① 증가 ② 증가 22. ① 유도 ② 압력 ③ 속도 23. 휠 24. 스팀 25. 증기실
26. 밸브

027 증기실 속으로 들어가는 스팀의 양을 조절함으로써, 조속기 밸브는 _____ 에너지의 출력을 조절한다.

028 회전자는 금속 _____ 속에 들어 있다.

029 스팀이 덮개(Casing) 속으로 노즐을 통해서 들어가기 위해서는 덮개 속의 압력이 체스트 속의 압력보다 더 _____ 한다.

030 압력차가 없이는 스팀은 흐를 수 없으며 또한 _____도 발생시킬 수 없다.

031 날개 쪽으로 유도된 고속의 스팀은 회전자를 회전시키는 추진력(또는 충동력)이 된다.
터빈이 회전자를 회전시키기 위해서 날개 위에 스팀에 의한 충격을 가하기 때문에, 이런 터빈을 _____ 터빈이라고 부른다.

032 아래의 그림을 자세히 보아라.

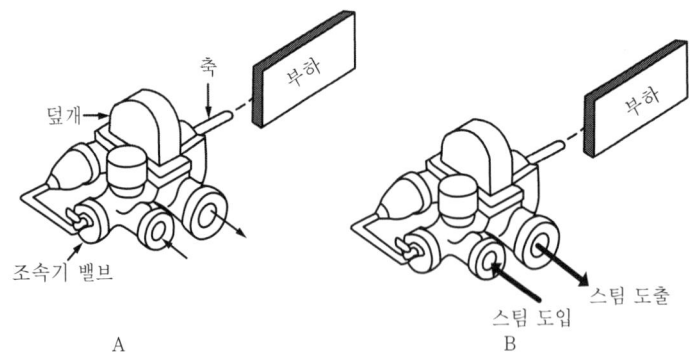

축(Shaft)에는 각기 _____가 걸려 있다.

답 27. 기계적 28. 덮개 29. 낮아야 30. 기계적 일 31. 충동(Impulse) 32. 부하

033 A 터빈에는 B 터빈보다 더 적은 부하가 걸려 있으므로, 이 일을 하기 위해서는 A 터빈은 B 터빈보다 더 (많은/적은) 에너지가 소요된다.

034 터빈 출력을 증가시키는 가장 간편한 방법은 스팀 체스트 속으로 더 _____ 양의 스팀을 보내는 것이다.

035 에너지가 더욱 많이 필요할 때는 조속기 밸브를 _____ 더 많은 스팀이 체스트 속으로 들어가도록 해야 한다.

036 축의 부하가 증가되고 스팀의 양은 증가되지 않을 때, 회전자의 회전 속도는 (증가/감소)된다.

037 조속기 밸브가 열리면 회전자의 속도가 _____된다.

038 회전자의 속도는 축의 _____가 감소될 때도 증가한다.

039 회전자가 너무 빨리 돌게 되면 손상될 위험이 있으므로, 회전 속도는 _____ 밸브에 의해 제어된다.

040 결국 축의 회전 속도는
축에 걸리는 총 ___①___ 와 스팀 체스트 속으로 들어가는 ___②___ 양에 의해 좌우된다.

---

33. 적은 **34.** 많은 **35.** 열어 **36.** 감소 **37.** 증가 **38.** 부하 **39.** 조속
40. ① 부하 ② 스팀

(1) 단단 터빈 및 다단 터빈
(Single and Multi-Stage Turbine)

041 스팀이 팽창하여 들어가는 장소를 단(Stage)이라고 부른다.
스팀 압력은 단에서 (증가/감소)된다.

042 압력 감소가 하나의 단에서만 일어날 때 이 터빈을 단단 터빈이라고 부른다.
스팀의 압력 감소가 여러 개의 단을 통해서 일어날 때 이 터빈을 _____ 터빈이라고 부른다.

043 아래의 그림을 주의해서 보아라.

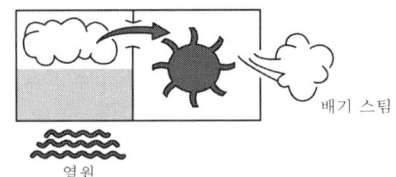

이 터빈은 (하나/둘 이상)의 바퀴(Wheel)를 가지고 있다.

044 압력은 _____의 단에서 감소된다.

045 이것은 _____ 터빈이다.

046 아래의 그림을 주의해서 보아라.

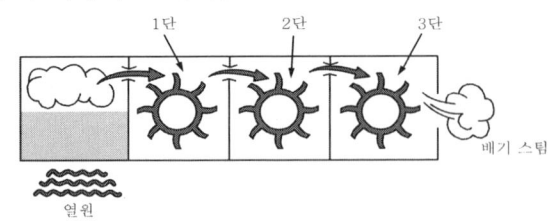

이 터빈에는 _____의 바퀴가 있다.

답　41. 감소　42. 다단　43. 하나　44. 하나　45. 단단　46. 3개

047 압력 감소는 _____의 단을 통해서 일어난다.

048 이것은 _____ 터빈이다.

049 단들은 모두 _____의 덮개에 들어 있다.

050 스팀은 _____를 통하여 터빈을 떠난다.

051 아래의 그림을 보아라.

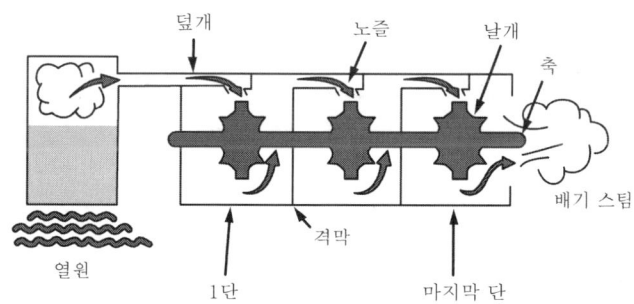

모든 바퀴들은 _____의 축에 설치되어 있다.

052 모든 단들은 각기 노즐이 장치된 _____에 의해 분리되어 있다.

053 앞의 그림에서는 _____개의 주 노즐이 각 단마다 설치되어 있었다.

답   **47.** 3개   **48.** 다단   **49.** 하나   **50.** 배기구   **51.** 하나   **52.** 격막   **53.** 한

054 하나의 큰 노즐 대신에 1열로 된 작은 노즐들이 사용될 수도 있다.

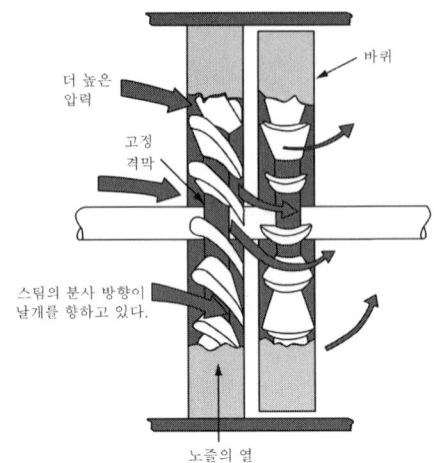

각 단마다 _____로 된 노즐의 그림을 나타낸다.

055 터빈은 일반적으로 고압의 도입관과 저압의 배기관에 있어서 그 압력 감소가 몇 개의 단을 통해서 이루어지도록 설계된다.
도입구와 배기관 사이에 큰 압력차가 있는 터빈은 (단단/다단) 터빈이다.

056 아래의 그림을 보아라.

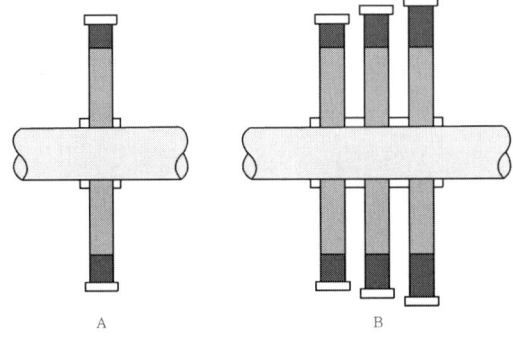

(① 회전자 A/회전자 B)는 단단이다.
(② 회전자 A/회전자 B)는 다단이다.
(③ 회전자 A/회전자 B)는 압력 감소가 여러 개의 단을 통해서 일어난다.
(④ 회전자 A/회전자 B)는 아마 대형 터빈의 회전자일 것이다.

답 54. 1열 55. 다단 56. ① 회전자 A ② 회전자 B ③ 회전자 B ④ 회전자 B

57 스팀의 팽창이 한 단에서 다른 단으로 객적의 증가를 동반하여 일어난다. 후부 단들에서의 객적의 증가를 보상하기 위해서 더 큰 단와 더 긴 날개가 요구된다. 회전자 B에서 맨 끝의 바퀴에 달린 날개들은 처음의 것보다 더 _____.

(2) 고정 날개(Stationary Bucket)

58 어떤 종류의 단에서는 1열 대신에 2열의 날개를 사용한다.
그러나 압력의 감소는 단 1회만 일어난다. 그 이유는 _____의 단이 있기 때문이다.

59 제1열의 노즐로부터 스팀은 제1열의 날개에 유도된다.

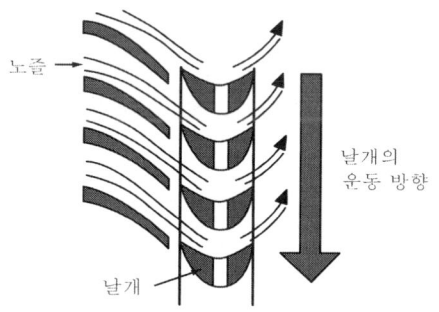

스팀이 날개를 지날 때 스팀은 날개의 운동 방향과 (동일/반대) 방향으로 움직인다.

60 제2열의 날개들을 제1열과 동일한 방향으로 회전시키기 위해서 _____은 방향을 바꾸어야 한다.

답 57. 길다 58. 하나 59. 반대 60. 스팀

061 다음 그림을 보아라.

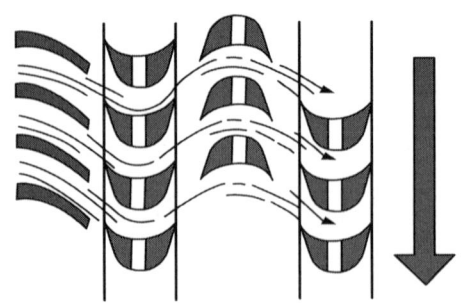

두 개의 열로 된 _____ 날개 사이의 1열의 고정 날개가 있다.

062 이 고정 날개들은 스팀 흐름의 _____을 다른 회전 날개로 바꾸어 유도해 주는 역할을 한다.

063 이 고정 날개들은 스팀의 압력을 변화시키지 않으므로 이들은 1열의 노즐과는 (같다/다르다).

064 고정 날개들은 덮개에 장치되어 있으므로 _____ 수 없다.

065 다음의 그림을 보아라.

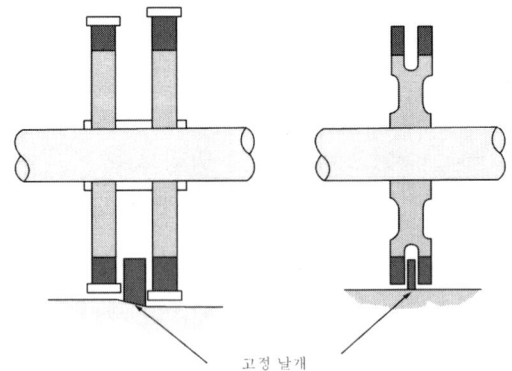

고정 날개

이 그림에서는 1단에 한 개 이상의 바퀴가 있지만, 대개의 단에서는 단지 _____개의 바퀴가 있을 뿐이다.

답 61. 회전 62. 방향 63. 다르다 64. 움직일 65. 한

(3) 반동 터빈(Reaction Turbine)

066 충동(Impulse) 터빈에서는 스팀의 팽창이 고정 노즐을 통해서만 일어난다.
지금까지 설명한 터빈은 모두 _____ 터빈이다.

067 반동 터빈이란 팽창의 대부분이 바퀴의 날개 위에서 일어난다.
팽창의 대부분이 바퀴의 날개에서 일어나는 터빈은 (반동/충동) 터빈이다.

068 아래의 그림을 보아라.

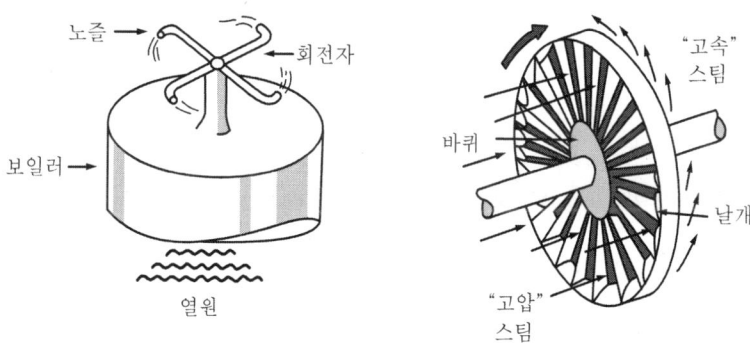

이 반동 터빈들은 고정 노즐이 없다.
모든 _____ 강하는 바퀴 혹은 회전자에서 이루어진다.

069 터빈의 날개는 움직이는 _____과 같다.

070 충동 터빈에서는 스팀의 팽창 즉 압력 강하가 고정 노즐을 경과하면서 일어난다.
반동 터빈에서는 일부 또는 전 팽창이 회전자 위에 설치된 _____ 에서 이루어진다.

답   66. 충동   67. 반동   68. 압력   69. 노즐   70. 날개

071 반동 터빈에서는 스팀의 팽창이 날개를 통하여 흐르면서 이루어진다.
충동 터빈에서는 스팀의 팽창이 날개를 통하여 이루어(진다/지지 않는다).

072 반동 터빈에서는 충동 터빈과 같은 고정식 노즐은 없다. 그러나 반동 터빈에서는 팽창의 일부가 날개에서 (일어난다/일어나지 않는다).

073 반동 터빈은 때로는 충동 터빈보다 효율적인 면에서는 우수하나, 충동 터빈보다 더 많은 단수가 필요하다.
반동 터빈은 펌프나 압축기의 원동기로는 잘 사용되지 않는다.
정유공장에서는 (반동/충동) 터빈을 많이 사용한다.

(4) 응축 터빈 및 비응축 터빈
(Condensing and Non-Condensing Turbine)

074 스팀은 고압으로부터 저압으로 팽창한다. 그러므로 스팀의 배기관 쪽은 도입구보다 (저압/고압)이다.

075 고압의 스팀이 보일러로부터 나와 터빈을 지나서 저압의 _____을 통하여 흐른다.

076 저압의 스팀은 아직도 터빈을 돌릴 여력이 있다.
저압의 스팀은 보다 더 _____ 곳으로 팽창시킬 수 있다.

답 71. 지지 않는다 72. 일어난다 73. 충동 74. 저압 75. 배기관 76. 낮은

077 아래의 그림을 보아라.

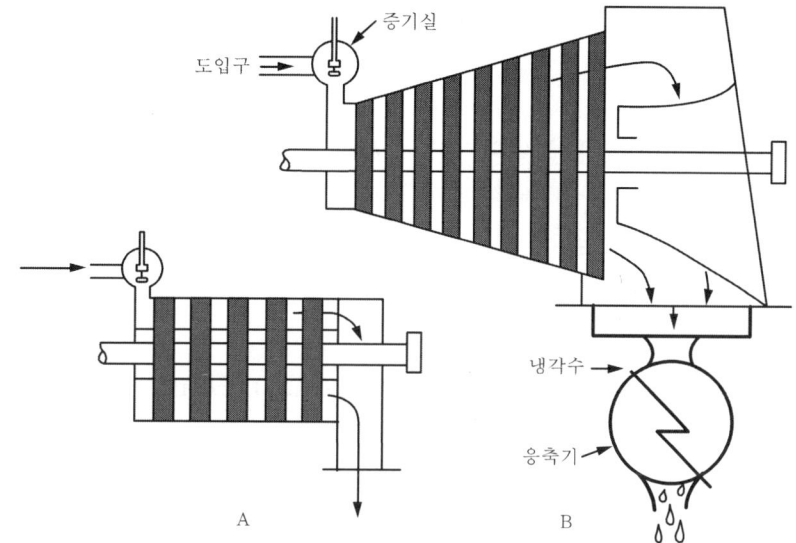

터빈은 배기관 쪽에 _____가 설치되어 있다.

078 응축기(Condenser)는 열을 제거함으로써 압력을 낮추는 장치다.
응축기는 터빈을 떠나는 스팀을 냉각시켜서 _____로 변화시킨다.

079 (터빈 A/터빈 B)는 비응축식 터빈이다.

080 터빈 A의 배출 압력은 터빈 B의 배출 압력보다 더 (높다/낮다).

081 스팀이 응축되면 응축수는 _____ 되기 위해서 보일러로 돌려 보내 주어야 한다.

082 비응축 터빈은 스팀 안에 존재하는 모든 이용 가능한 열에너지를 이용(한다/못한다).

답 **77.** 응축기 **78.** 물 **79.** 터빈 A **80.** 높다 **81.** 재가열 **82.** 못한다

083 동일한 도입구 압력을 가진 일정량의 스팀에 의하여 (응축/비응축) 터빈은 더 많은 기계적 일을 발생시킬 수 있다.

084 응축 터빈의 공통점은 큰 압력 강하에 있기 때문에 스팀 압력은 단계적으로 점차로 강하된다.
응축식 터빈은 보통 _____ 터빈이다.

(5) 추출 및 추가 유도(Extraction and Induction)

085 아래의 그림을 보아라.

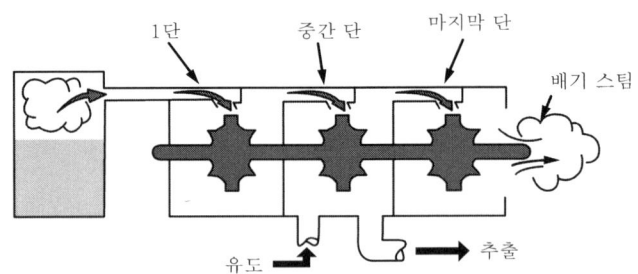

한 단으로부터 스팀의 일부를 _____되기 전에 뽑아내거나 추가할 수도 있다.

086 한 단으로부터 뽑아낸 스팀은 배출 압력과 온도보다 (높은/낮은) 압력 및 온도의 스팀이 요구되는 생산 공정에 사용된다.

087 중간 단에서 스팀을 뽑아 쓰는 것을 추출이라고 한다.
터빈으로부터 _____ 된 스팀은 다른 생산 공정에 사용된다.

088 스팀은 터빈의 _____ 단에 추가 공급될 수도 있다.

답   83. 응축   84. 다단   85. 배기   86. 높은   87. 추출   88. 중간

089 때로는 공장에서 터빈의 중간 단의 압력과 동일한 압력의 과잉 스팀이 유용하게 사용될 수도 있다.
이 스팀은 터빈의 해당 단에 추가로 _____ 된다.

답 89. 공급

2. 조속기(Governor)

090 조속기 밸브는 터빈으로 보내지는 스팀의 양을 조절하여, 발생되는
_____ 일(Work)의 양을 조절한다.

091 터빈에 더 큰 부하가 가해지면, 터빈에 일부의 부하가 걸렸을 때보다 (더 큰/더 작은) 동력이 요구된다.

092 구동 장치의 회전 속도는 그 조업 기능을 발휘할 수 있도록 조절되어야 한다.
_____ 밸브가 터빈의 속도를 조절하는 데 사용된다.

093 조속기란 조속기 밸브를 개폐하는 기구(Mechanism)를 말한다.
터빈의 속도는 _____에 의해 조절된다.

094 터빈의 회전 속도가 증가 또는 감소하든지간에 그 속도는 정상 상태로 회복되어야 한다.
조속기는 _____의 변화를 조절한다.

095 아래의 그림은 플라이볼 조속기(Flyball governor)를 나타낸다.

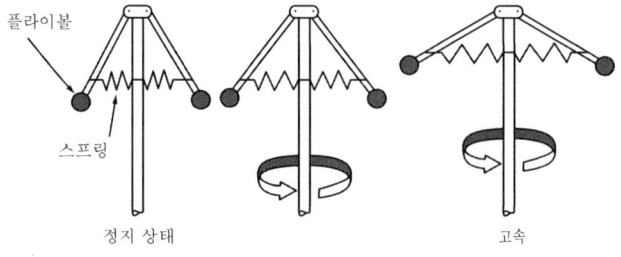

플라이볼들은 _____의 힘에 의해 서로 유지되고 있다.

답 90. 기계적 91. 더 큰 92. 조속기 93. 조속기 94. 속도 95. 스프링

096 거버너가 회전하면 원심력에 의해 볼들은 (더 멀리/더 가까이) 움직이게 된다.

097 (저속/고속)에서는 스프링의 힘에 의해 플라이볼들은 밀집되어 있다.

098 _____에서는 플라이볼들은 멀리 떨어져 있다.

099 조속기 회전수가 _____ 플라이볼들은 더 멀리 떨어져 움직인다.

(1) 직동식 플라이볼 조속기
(Direct-Acting Flyball Governor)

> 아래의 문제는 그림 1을 참조할 것

100 터빈이 정지 상태에서는 스프링은 플라이볼들을 축에 가까이 유지한다.
터빈은 시동 전에 조속기 밸브를 (전개/전폐)한다.

101 축이 회전하기 시작하면 _____의 힘에 의해 플라이볼들이 서로 떨어지지 않게 된다.

102 축이 조업 속도에 접근함에 따라 원심력이 스프링의 견인력을 극복하여 볼들은 서로 (가까이/멀리) 있게 된다.

〈그림 1〉 직동식 프라이볼 조속기

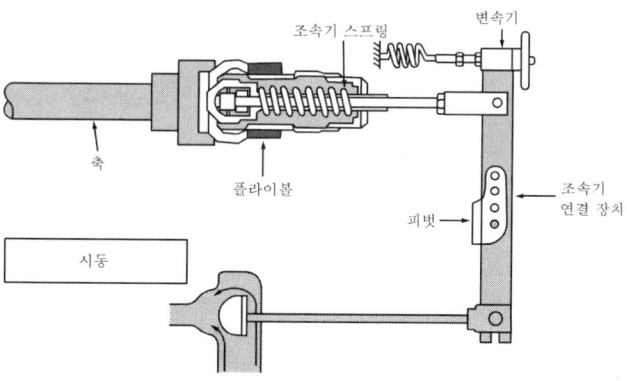

---

96. 더 멀리 **97.** 저속 **98.** 고속 **99.** 빠를수록 **100.** 전개 **101.** 스프링 **102.** 멀리

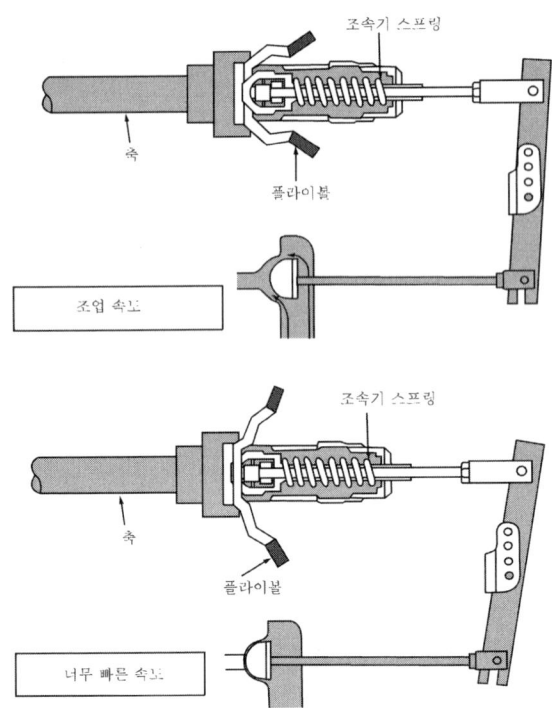

103 플라이볼이 분리되면, 조속기 밸브 (① 열린다/닫힌다).
터빈이 정격 조업 속도에 도달하면 조속기 밸브는 시동시보다 (② 더 적은/더 많은) 스팀을 보내어 터빈의 가속을 중지한다.

104 터빈에 부하가 증가되어 터빈의 속도가 떨어지면 플라이볼들은 스프링의 견인력에 의해 가까워진다.
이때 조속기 밸브가 ____①____ 터빈의 속도가 (② 증가/감소)된다.

105 만일 부하가 갑자기 제거되면 터빈 _____는 갑자기 상승한다.

답 103. ① 닫힌다 ② 더 적은 104. ① 열리고 ② 증가 105. 속도

106 만일 도입구 스팀 압력이 갑자기 떨어지면, 터빈 속도는 (① 증가/감소)된다. 조속기 밸브는 _____②_____ 한다.

107 배기 압력이 높아지면 터빈 속도는 (증가/감소)된다.

108 전 부하로부터 부하가 제거되면 터빈 속도는 (상승/하강)한다.

109 만일 조속기가 이 속도 변화에 완전히 보상할 만한 충분한 용량을 가지고 있다면, 무부하시의 속도와 전 부하시의 속도가 (같아야/같지 않아야) 한다.

110 전 부하시와 무부하시 사이에 아무런 차가 없다면 조절은 제로(Zero)이어야 한다.
그러나 만일 조속기의 설계가 터빈 부하의 감소에 따라 약간의 속도 상승을 허용한다면 터빈의 조절은 제로(이다/가 아니다).

111 협의의 조속기는 속도의 변화를 가능한 한 좁히려는 경향이 있다.
조절이 제로인 조속기는 극히 _____ 조속기이다.

112 대부분의 정밀한 조속기에서도 제로 조절을 견지하지 못하지만, 속도 차이가 4% 정도까지는 가능하다. 조절이 4%인 조속기는 _____ 조속기이다.

113 (3,000의 4%는 120). 만일 터빈의 정격 회전 속도가 1분간의 3,000회전일 때 조속기가 4%의 조절을 가진다면, 무부하시의 속도는 _____회전/분이다.

답 **106.** ① 감소 ② 열려야 **107.** 감소 **108.** 상승 **109.** 같아야 **110.** 가 아니다
111. 협의의 **112.** 협의의 **113.** 3,120

114 협의의 작동식 플라이볼 조속기는 터빈의 속도 변화를 (크게/작게) 유지한다.

115 조속기 기구 내부의 마찰은 조속기 자체의 작동을 방해한다.
조속기는 이러한 _____ 저항을 극복해야 한다.

116 조속기는 또한 _____ 밸브 내에서의 스팀 압력과 흐름에 의한 힘을 극복해야 한다.

117 협의의 플라이볼 조속기를 장치한 터빈에서는 터빈 속도에 미소한 변화가 있더라도, 거버너는 조속기를 움직이기 전에 마찰력 또는 다른 불평형한 _____을 극복하지 않으면 안 된다.

118 플라이볼은 작은 범위의 속도에 대해서는 조절하지 못한다.
왜냐하면 조속기에 가해진 힘들은 밸브를 과도하게 작동시키기 때문이다.
부하 변동에 대한 조절을 위해서 조속기는 밸브를 _____ 움직이게 한다.

119 계속적인 오버슈팅(Overshooting)은 조속기로 하여금 정격 조업 속도를 찾지 못하도록 만든다.
이런 터빈은 속도의 상승 또는 _____를 작은 범위 내에서 계속한다.

120 이 속도 상승과 감소의 교차 현상을 "헌팅(Hunting)"이라 한다. 즉 조속기는 정상 조절을 찾아서 왔다갔다하는 것이다.
협의의 플라이볼 조속기는 적은 범위의 속도 변화에 대해서 광의의 조속기보다 _____하는 경향이 많다.

답 114. 작게 115. 마찰 116. 조속기 117. 힘 118. 더 많이 119. 감소 120. 헌팅

121 광의의 조속기는 속도의 미소한 변화에 대해서 협의의 조속기에서처럼 밸브를 많이 움직이지 않는다.
다만 (큰/작은) 속도 변화만이 광의의 조속기 밸브를 열린 상태에서 닫힌 상태로 움직이게 한다.

122 주어진 속도 변화의 범위에 대해서, 광의의 조속기는 협의의 조속기보다 더 짧게 밸브를 작동시킴으로써, 정확한 밸브 조절에 실패하지 않는다.
광의의 조속기 헌팅을 (잘한다/하지 않는다).

123 광의의 조속기는 대개 조업 속도의 10% 정도의 조절 범위를 가진다.
전 부하 상태에서 무부하 상태로의 부하 변동에 따라 터빈의 회전 속도는 (증가/감소)한다.

124 만일 어떤 터빈의 전 부하시의 정격 속도가 1분간 3,500회전일 때 10%의 조절이라면 무부하시에 터빈의 회전 속도는 _____회전/분이다.

(2) 유압식 조속기(Hydraulic Governor)

> 아래의 문제는 그림 2를 참조할 것

125 이 그림은 유압식 조속기이다. 터빈의 속도 조절을 위해서 유압식 조속기는 플라이볼 대신에 _____를 사용한다.

126 하나의 오일 펌프가 터빈의 _____에 직결되어 있다.

답 **121.** 큰 **122.** 하지 않는다 **123.** 증가 **124.** 3,850 **125.** 오일 펌프 **126.** 축

127 터빈이 조업되지 않을 때, 오일 펌프는 유입관에 압력을 가하지 않는다. 조속기 밸브에 작용하는 압력이 없으면 밸브는 (잠겨/열려) 있다.

〈그림 2〉 유압식 조속기

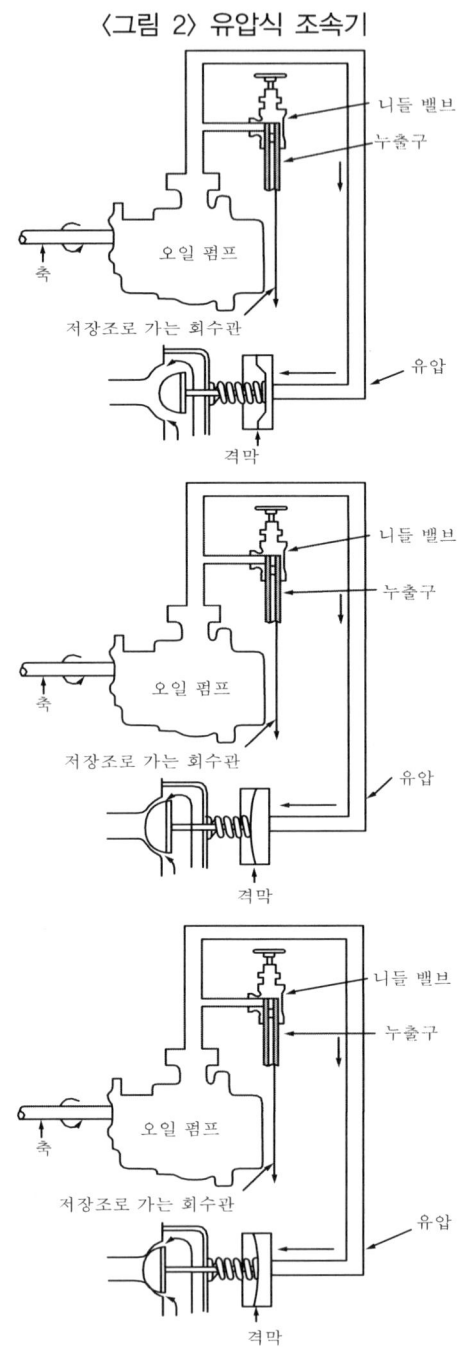

127. 열려

128 축(Shaft)이 회전하면서 오일이 밸브로 펌핑된다.
대부분의 오일은 "누출구(Leak-off)"를 지나 오일 저장조로 되돌아가서 오일 펌프로 들어가는 공급 _____의 유량을 일정하게 유지한다.

129 조속기 밸브는 가변식 격막(Diaphragm)으로 연결된다.
_____의 변화는 밸브를 조절한다.

130 터빈의 회전 속도가 상승하면 더 많은 오일이 펌핑된다. 이때 유압은 (상승/하강)한다.

131 상승된 압력은 격막에 작용하여 밸브를 (열리도록/닫히도록) 한다.

132 만일 더 많은 부하가 터빈에 걸리면, 터빈과 오일 펌프는 동시에 속도가 느려진다.
유압은 (① 상승/감소)하고, 밸브는 ___②___.

133 유압계에서 오일의 압력이 떨어지면, 조속기 밸브는 전개 상태를 향해 움직인다.
그러므로 만일 터빈이 조업 중 유압계에 고장이 나면 터빈은 _____ 된다.

134 온도는 오일의 점성에 영향을 미친다.
오일의 온도 변화는 조속기 _____ 조정에 영향을 미칠지도 모른다.

---

128. 기름 **129.** 유압 **130.** 상승 **131.** 닫히도록 **132.** ① 감소 ② 열린다
133. 과속하게 **134.** 밸브

135 온도는 세심하게 제어되어야 한다. 너무 높은 온도는 오일이 점성을 잃게 되어 "배설구"를 통해서 오일이 많이 나가므로, 충분한 유압을 유지하지 못하게 되어 터빈은 (너무 높은/너무 낮은) 속도로 조업하게 된다.

136 너무 차가운 오일은 점성이 너무 크므로 "배설구"를 통해서 오일이 잘 나가지 못하므로 유압계의 압력이 너무 크게 되어 조속기 밸브를 (열린/닫힌) 상태로 두려는 경향이 있다.

137 온도의 변화는 조속기 밸브 조정과 터빈 _____ 조정에 변화를 일으킨다.

138 유압식 조속기는 고속도의 사용 목적에 잘 적응된다.
고속 회전 터빈에는 (유압식/플라이볼식) 조속기가 적합하다.

139 온도 변화가 유압식 조속기의 조절에 영향을 미치므로 유압식 조속기는 대개 (협의의/광의의) 조속기이다.

(3) 오일 릴레이 조속기(Oil-Relay Governor)

> 아래의 문제는 그림 3을 참조할 것

140 오일 릴레이 조속기는 유압식 조속기와 _____ 조속기의 형태를 복합한 것이다.

141 유압이 _____ 을 작동하게 된다.

답 135. 너무 높은 136. 닫힌 137. 속도 138. 유압식 139. 광의의 140. 플라이볼
141. 피스톤

142 스프링은 피스톤 위에 작용하는 _____에 변화가 있을 때까지 피스톤을 제자리에 붙들어 두는 역할을 한다.

143 플라이볼은 파일럿 밸브를 밀어내는 역할을 한다.
이 파일럿 밸브는 오일 릴레이에 오일 도입구와 오일 _____를 통해서 흐르는 유량을 조절하는 역할을 한다.

144 정상의 조업 속도에서는 오일 도입구와 도출구는 부분적으로 열려 있다.
그러나 증가된 부하를 보상하기 위해 조속기 밸브가 열려야만 할 경우에는 플라이볼은 도출구 구멍(Opening)을 줄이고 _____ 구멍을 크게 한다.

〈그림 3〉 오일 릴레이 조속기

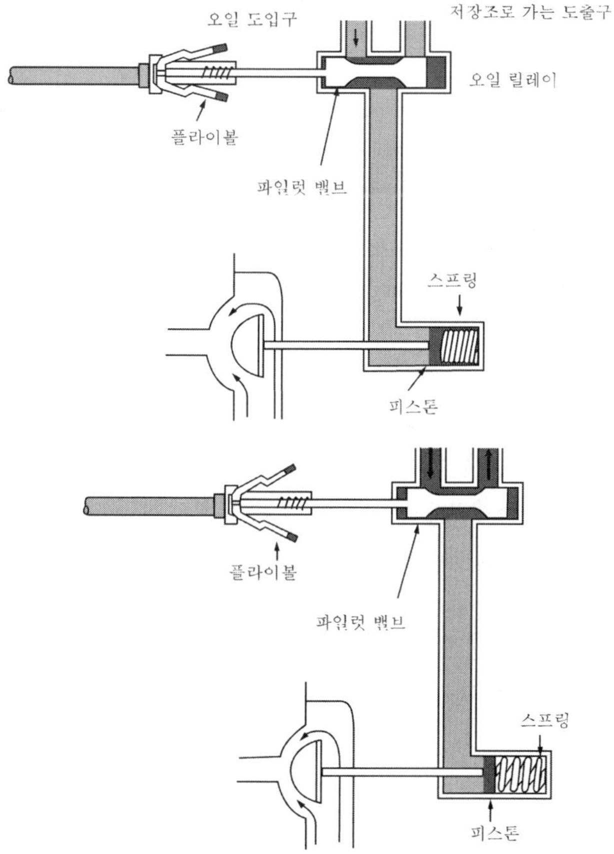

답 142. 유압 143. 도출구 144. 도입구

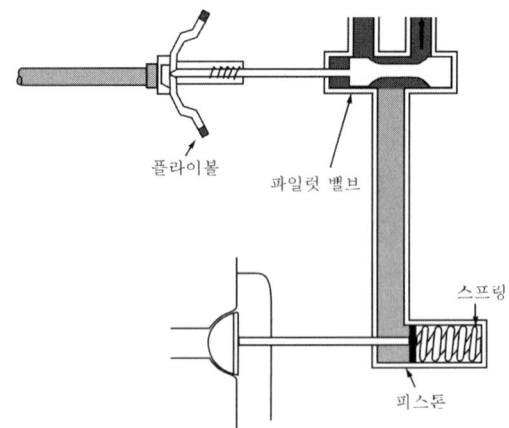

145 조속기 밸브를 닫기 위하여 플라이볼은 ___①___ 구멍을 줄이고 ___②___ 구멍을 크게 한다.

146 도입구가 전개 또는 완전히 닫히지 않는 한 오일은 계속적으로 릴레이 계통을 통하여 순환되며, 이것은 조정에 관계가 없다.
도출구로부터 나오는 오일은 오일 _____로 되돌아가서 유압계로 다시 펌핑된다.

147 만일 유압이 갑자기 떨어지면(예컨대, 오일 펌프의 고장) 스프링의 힘에 의해 피스톤이 밸브를 닫히도록 한다.
오일 릴레이 조속기는 유압식 조속기에서처럼 유압이 떨어지더라도 터빈을 _____시키는 원인이 되지 않는다.

148 오일 릴레이 거버너는 유압으로 밸브를 움직여서 플라이볼 단독으로 움직일 때 보다 (① 더 큰/더 작은) 힘으로 밸브를 작동하게 한다.
오일 릴레이 조속기는 마찰력이나 스팀의 불균형력 등을 극복할 수 있으므로 미소 조절이 쉽게 된다. 오일 릴레이 조속기는 협의의 조속기로서 헌팅을 잘 (② 한다/하지 않는다).

답 **145.** ① 도입구 ② 도출구 **146.** 저장조 **147.** 과속 **148.** ① 더 큰 ② 하지 않는다

149 잘 쓰이는 조속기 중에서 (직동식 플라이볼/유압식/오일 릴레이) 조속기가 좁은 속도의 범위를 유지하는 데 가장 우수하다.

150 플라이볼의 속도 조절을 잘 함으로써 오일 온도의 변화가 터빈의 속도 조정에 양향을 (미친다/미치지 않는다).

151 어떤 종류의 터빈에서는 플라이볼에 의해 오일 릴레이가 작동되지 않는다. 터빈 축에 설치된 발전기가 _____를 조절하는 역할을 한다.

152 발전기의 속도 변화는 발생 전류의 출력을 변화시킨다.
발생 전류의 변화는 파일럿 밸브를 조절하고, 이 파일럿 밸브는 ___①___ 와 ___②___ 의 구멍(Opening)을 열고 닫는 역할을 한다.

(4) 과속 방지 장치(Overspeed Trip)

153 조속기가 터빈을 정상 속도에서 조업되도록 조절하지만, 때로는 비정상 상태가 발생될 때도 있다.
만일 부하가 전 부하 상태로부터 갑자기 제거된다면 터빈은 _____ 조업이 될는지도 모른다.

154 어떤 경우에는 조속기가 너무 느리게 작동하거나 또는 전혀 작동 않음으로 인해서, 전혀 반응이 없을 수도 있다.
만일 스팀이 신속하게 차단되지 않으면 터빈은 계속 _____ 조업되어 파괴될지도 모른다.

답 **149.** 오일 릴레이 **150.** 미치지 않는다 **151.** 오일 릴레이 **152.** ① 도입구 ② 도출구 **153.** 과속 **154.** 과속

155 터빈 축에 설치된 트립 핀(Trip pin)이 비상 사태에 대비하여 _____의 유입을 차단하도록 사용된다.

156 아래의 그림은 축에 설치된 트립 핀을 나탄낸다.

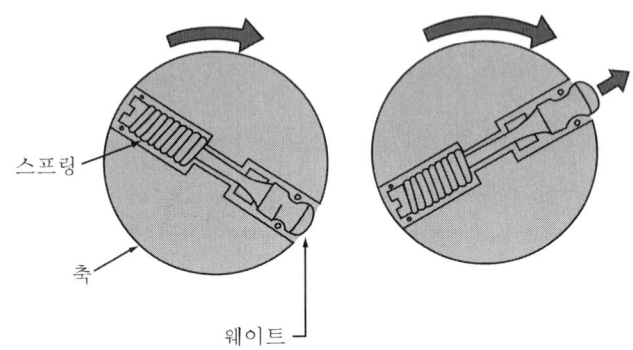

정상 상태의 속도에서는 트립 핀은 _____ 속에 머물러 있다.

157 핀은 축 속에 _____으로 견인된 "언밸런스드 웨이트(Unbalanced weight)"로 구성되어 있다.

158 만일 터빈이 과속된다면, 원심력에 의해 핀이 _____ 속으로부터 튀어나오게 된다.

아래의 문제는 그림 4를 참조할 것

159 터빈이 과속되면 돌출된 핀이 _____를 친다.

160 트리거는 트립 레버를 지지하고 있는 걸쇠(Latch)를 풀어 놓아, 트립 레버로 하여금 _____에 의해 아래로 당겨지게 한다.

답 155. 스팀 156. 축 157. 스프링 158. 축 159. 과속 트립 래치 또는 트리거
160. 스프링

161 스프링의 힘에 의해 트립 밸브가 _____.

162 트립 밸브는 닫혀서 _____ 속으로의 스팀 유입을 차단한다.

163 터빈은 _____ 한다.

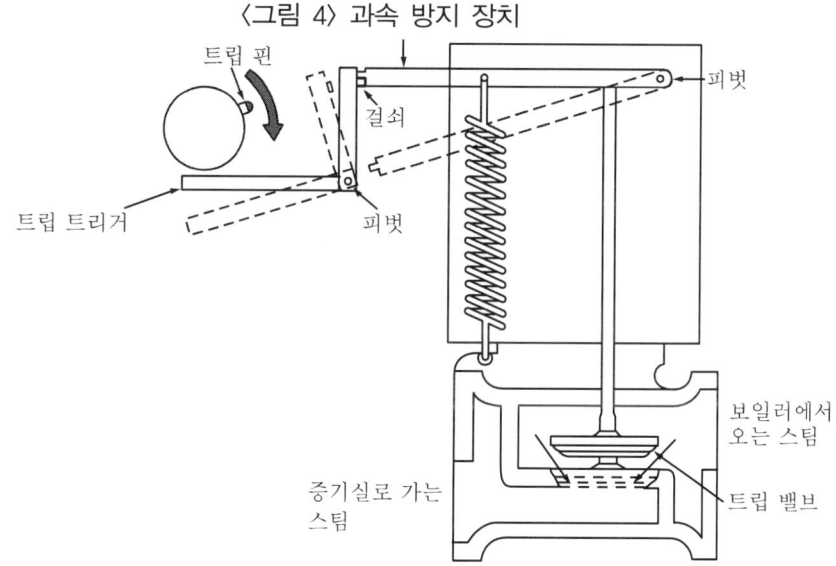

〈그림 4〉 과속 방지 장치

164 조속기와는 달리(조속기는 자동 조절됨) 과속 트립 기구는 터빈이 정지된 후 반드시 _____ 되어야 한다.

| 아래의 문제는 그림 5를 참조할 것 |

165 큰 트립 밸브에서는 일정 압력하의 오일을 사용하여 밸브를 열고, 또 연 상태로 계속 유지한다.
스프링의 힘에 눌리고 있는 밸브는 _____ 으로 열린 상태를 유지한다.

---

161. 닫힌　**162.** 증기실　**163.** 정지　**164.** 리셋　**165.** 유압

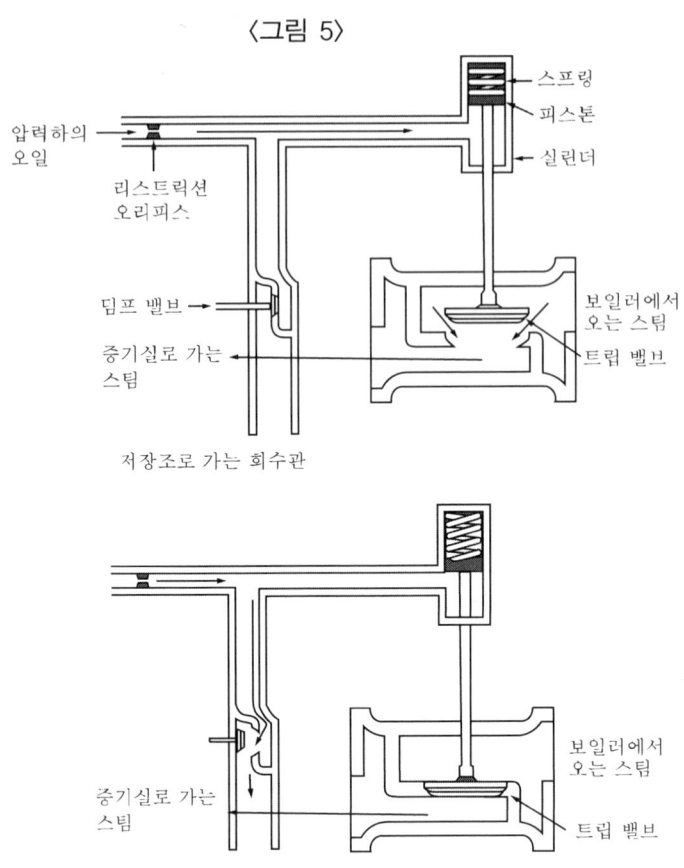

〈그림 5〉

166 터빈이 과속되어 트립 핀이 빠지면 그림 4에서와 같이 걸쇠를 벗어나게 한다. 걸쇠가 오일 _____ 밸브를 열리게 한다.

167 _____의 힘은 오일을 실린더로부터 뿜어내어서 트립 밸브가 꽝 하고 소리를 내며 닫힌다.

168 직동식 트립과 같이 기구는 터빈을 정지시킨 후 _____되어야 한다.

169 과속 방지 핀은 터빈의 최고 속도의 10 내지 15%를 초과할 때 작동되도록 조정

답 166. 덤프 167. 스프링 168. 리셋 169. 되지 않는다

된다.

만일 터빈이 최고 속도의 8%로 과속 조업될 때, 핀은 축으로부터 분출(된다/되지 않는다).

170 과속 안전 장치가 터빈에 사용된다.
소형 터빈에서는 회전자는 제동 "림"(Rim)을 장치하고 있으며, 이것은 터빈이 _____ 될 때 작동된다.

171 제동 장치는 자동차의 제동 장치와 유사하다. 회전자가 과속되면 원심력에 의해 팽창된 림이 _____의 벽에 마찰을 일으켜 회전자의 속도를 늦춘다.

172 만일 "제동 림 회전자(Brake-rim rotor)"가 과속되면 바퀴에 어떤 손상이 생길지도 모른다. 이 회전자는 과속 조업 후에는 반드시 _____되어야 한다.

답 170. 과속 171. 덮개 172. 제거 또는 수리

3. 복습 및 요약(Review and Summary)

173 노즐의 사용 목적은
   a. ___①___ 로부터 스팀을 흐르게 한다.
   b. 스팀의 분사 방향을 ___②___ 로 유도한다.
   c. 스팀 ___③___ 을 속도로 변환시킨다.

174 터빈을 조업하기 위해서는, 증기실과 배기관 사이에 압력____가 있어야 한다.

175 다음 부품의 명칭을 기입하여라.

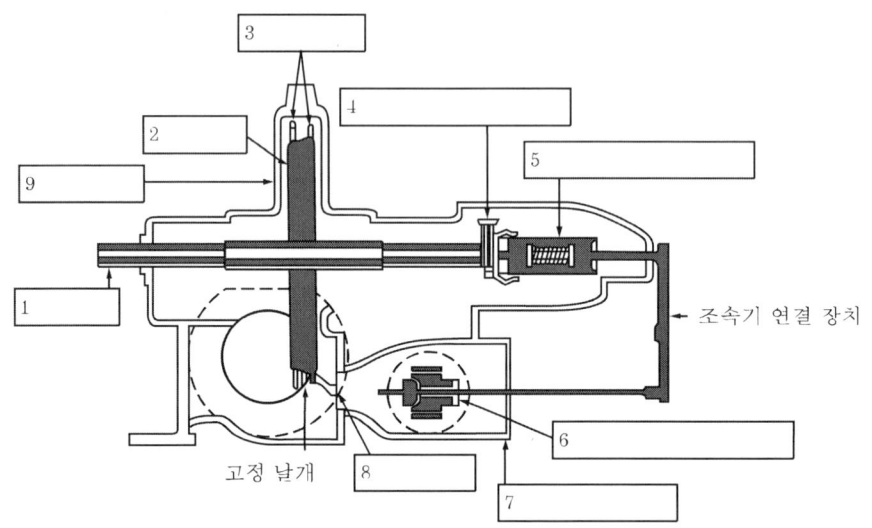

176 이 터빈은 (단단/다단) 터빈이다.

답 **173.** ① 증기실 ② 날개 ③ 압력 **174.** 차 **175.** 1. 축 2. 바퀴 3. 날개 4. 과속 트립 5. 플라이볼 조속기 6. 조속기 밸브 7. 증기실 8. 노즐 9. 덮개 **176.** 단단

177 _____는 회전자를 둘러싸고 있다.

178 기계적 에너지는 펌프나 압축기의 축을 터빈의 _____에 연결시키는 커플링(Coupling)에 의해 구동 장치에 전달된다.

179 회전자의 기계적 에너지의 출력과 회전 속도는 _____에 의해 조절된다.

180 스팀은 터빈의 중간_____으로부터 추가 도입되거나 추가할 수 있다.

181 응축 터빈에서는 응축기는 _____ 쪽에 위치한다.

182 오일 릴레이 조속기는 ___①___과 ___②___의 장점을 복합한 형태이다.

183 조속기가 정확한 조업 속도를 찾지 못하고 계속적으로 터빈 회전 속도의 상승과 하강을 반복하는 현상을 _____이라 한다.

184 (협의의/광의의) 플라이볼 조속기는 헌팅하는 경향이 많다.

185 오일 릴레이 조속기는 기계적인 플라이볼보다 좁은 속도의 범위 내에서 (더 많이/더 적게) 헌팅하는 경향이 있다. 왜냐하면 조속기에 저항하는 불평형력을 극복하는 힘을 가지고 있기 때문이다.

186 조속기가 과속을 조정하지 못할 경우 _____가 안전 장치로서 사용된다.

---

177. 덮개 **178.** 축 **179.** 조속기 **180.** 단 **181.** 배기관 **182.** ① 플라이볼 ② 유압식
183. 헌팅 **184.** 협의의 **185.** 더 적게 **186.** 과속 방지 장치

CHAPTER 02

부품 및 장비
(Parts and Equipment)

1. 부품 및 장비(Parts and Equipment)

(1) 회전자(The Rotor)

001 회전자는 바퀴(Wheel), 날개 그리고 _____ 으로 구성되어 있다.

002 날개는 대개 개별적으로 제작하여 _____ 위에 설치된다.

003 어떤 회전자에서는 바퀴를 가열하여 축(Shaft)에 설치한 후 냉각시킨다. 냉각에 의해서 바퀴가 줄어듦으로써 축에 단단하게 꽉 끼이게 된다. 다른 회전자에서는 축과 바퀴가 _____ 덩어리로 단조 가공된다.

004 (조립식/단조식) 회전자는 처음에는 두 개의 부분으로 제작되어 하나로 연결 후 꽉 끼이게 만든다.

005 한 덩어리로 제작되었기 때문에 (조립식/단조식) 회전자는 가장 강력하다.

006 그렇지만 _____ 회전자는 제작비가 싸다.

(2) 덮개(The Casing)

007 터빈은 증기실과 덮개 사이에 존재하는 스팀의 압력차에 의해 조업된다. 스팀 압력은 덮개 속에서보다 증기실 쪽이 더 (높다/낮다).

답   1. 축   2. 바퀴   3. 한 개의   4. 조립식   5. 단조식   6. 조립식   7. 높다

08 이 압력차가 없이는 스팀은 노즐을 통해서 흐를 수 (있다/없다).

09 만일 배기관이 차단되면 압력이 덮개 속에 축적될 것이다.
덮개 속에 압력이 축적되면 _____차가 없어질 것이다.

10 터빈은 증기실 쪽이 덮개 쪽보다 더 큰 압력에 견딜 수 있도록 설계되었으므로 (덮개/증기실)이 더 튼튼하게 만들어졌다.

11 덮개 속의 압력이 도입구 압력과 같은 크기만큼 높아진다면, 덮개는 _____을 입을 것이다.

12 이런 이유 때문에 터빈은 (도입구/배기구) 밸브를 잠근 채로 시동해서는 안 된다.

13 어떤 터빈에서는 배기관 쪽의 과도한 압력을 제거하기 위해 안전밸브(Safety valve)를 설치한다.
이 밸브는 덮개가 과도한 압력으로 인해 _____되는 것을 방지한다.

14 다른 터빈에서는 경계 밸브가 설치되어, 덮개 속의 압력이 너무 높을 경우 경보를 발한다.
이 밸브는 덮개 속의 _____이 높을 경우에 경보를 말한다.

15 그렇지만 이 _____ 밸브는 압력을 제거하는 데는 적합지 못하다.

답 **8.** 없다 **9.** 압력 **10.** 증기실 **11.** 손상 **12.** 배기구 **13.** 손상 **14.** 압력 **15.** 경계

16 올바른 시동 및 조업 중에는 이 경계 밸브는 경보를 발하지 않는다.
    만일 경계 밸브가 울리기만 하면, 조업원은 압력을 _____ 시키는 조치를 즉시 취해야 한다.

(3) 격막 및 래비린스 밀폐 장치
(Diaphragm and Labyrinth Seal)

17 다단 터빈에서는 단 사이에는 압력_____가 존재한다.

18 아래의 그림을 보아라.

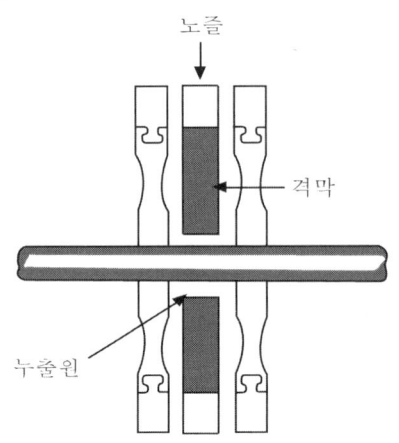

_____은 덮개에 설치된 고정 부품이다.
이것은 두 단을 분리시키고 노즐을 장치하고 있다.

19 스팀의 누출은 _____이 격막(Diaphragm)과 접촉하는 부분에서 일어난다.

20 스팀은 노즐을 지나서 부딪혀 유용한 일(Work)을 하게 된다.
    축을 따라 일어나는 스팀의 누출은 격막에 있는 노즐을 거치지 않으므로 터빈의 단에 유용한 일을 (한다/못한다).

답 **16.** 감소 **17.** 차 **18.** 격막 **19.** 축 **20.** 못한다

021 이것은 유용한 _____의 손실이다.

022 격막은 축에 밀착되도록 제작할 수 있다.
그러나 축이 격막과 마찰을 일으켜 축이 손상된다면 격막의 (일부/전부)를 교환하여야 한다.

023 격막은 견고한 금속으로 만들어졌으므로, 만일 축과 마찰을 일으키면 축이 _____을 입는다.

024 아래의 그림을 보아라.

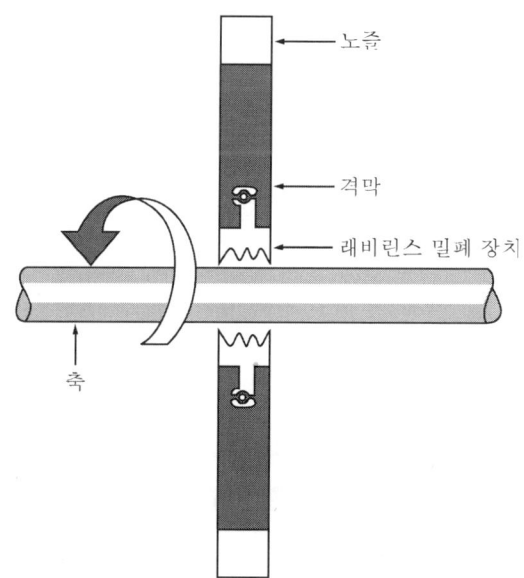

래비린스 밀폐 장치가 _____이 격막을 관통하는 공간에 끼워 넣어져 있다.

025 래비린스 밀폐 장치는 격막과 축 사이의 _____을 줄인다.

답 **21.** 스팀 또는 에너지 **22.** 전부 **23.** 손상 **24.** 축 **25.** 공간

26 밀폐 장치는 황동과 같은 연한 금속으로 만들어져 있으므로, 축과 마찰을 일으키더라도 축을 _____시키지 않는다.

27 만일 회전하는 축이 밀폐 장치와 마찰되면 밀폐 장치가 손상된다. 밀폐 장치는 격막으로부터 분리할 수 있도록 되어 있는데, 그 이유는 밀폐 장치가 손상을 입었을 경우 전체의 격막을 _____하지 않고 밀폐 장치만을 교환할 수 있게 하기 위해서이다.

28 래비린스는 축에 꼭 맞도록 된 금속 덩어리나 돌기물로 구성되어 있다. 돌기물들은 축에 접촉(한다/하지 않는다).

29 축과 래비린스 사이의 미소한 공간은 _____의 통과를 허용한다.

30 스팀이 밀폐 장치에 들어가게 되면 그것은 각 부분에서 와류를 형성한다.

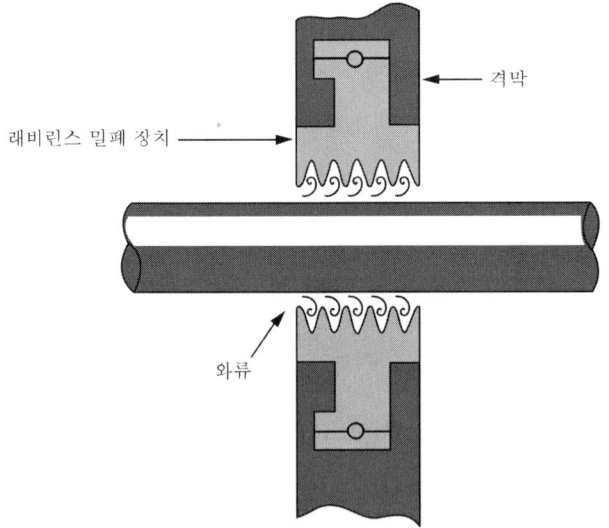

스팀 압력은 격막을 지나면서 (증가/감소)된다.

답 26. 손상 27. 교환 28. 하지 않는다 29. 스팀 30. 감소

031 밀폐 장치를 통과하면서 스팀 압력이 감소되어 (많은/적은) 양의 스팀이 밀폐 장치와 축 사이를 통과한다.

(4) 충전함(Packing Box)

032 다음의 비응축식 터빈의 그림을 보아라.

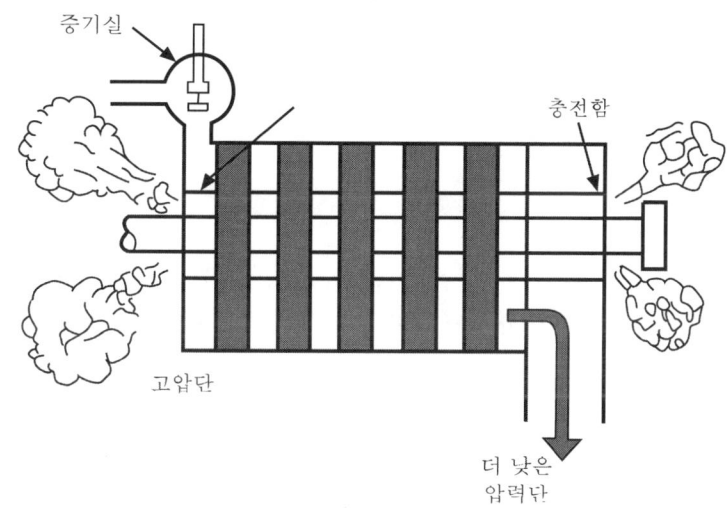

비응축식 터빈의 배기관 내에서의 압력은 그 주위의 대기의 압력보다 더 (높다/낮다)

033 스팀은 덮개와 _____이 접촉하는 부분에 설치된 충전함으로부터 누출하려는 경향이 있다.

034 도입구 쪽에 설치된 충전함으로부터 누출되는 양이 많으면 많을수록 사용 가능한 _____의 손실이 더 크다.

답 31. 적은 32. 높다 33. 축 34. 스팀

035 베어링은 충전함에 인접되어 있다.
누출된 스팀으로부터 생성된 응축수는 _____에 오염되어 베어링을 손상시킬 수도 있다.

036 비응축식 터빈으로부터 배출되는 스팀은 공정에 사용되거나 난방에 사용된다.
배기관 쪽에서의 축의 누출은 이와 같이 다목적용 _____의 손실을 가져온다.

037 충전함은 축의 끝이 _____를 관통하는 곳에 설치되어 스팀 누출을 감소시키거나 최소로 되게 한다.

038 어떤 장치에서는 충전함은 연한 금속으로 된 링(Ring)으로 꽉 차 있다.
이 연한 금속은 덮개로부터의 _____의 누출을 방지한다.

039 터빈에서는 연한 충전함은 빨리 못쓰게 되므로 밀폐용 재료로서는 (좋다/좋지 않다).

040 아래의 그림은 래비린스 밀폐 장치를 장비한 충전함이다.

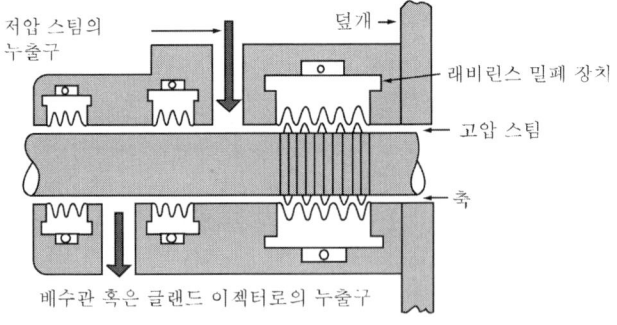

중간 단에서의 래비린스와 같이 이 밀폐 장치도 _____을 통해 일어나는 스팀의 누출을 최소로 줄인다.

답 35. 베어링 36. 스팀 37. 덮개 38. 스팀 39. 좋지 않다 40. 축

041 패킹 링의 돌기물들은 작은 격막을 이루고 있으므로 이 격막이 _____의 흐름을 방해한다.

042 충전함의 끝에서 외부로 향한 쪽에 두 개 또는 그 이상의 _____이 설치되어 있고, 누출된 스팀을 제거하여 저압측에 사용키 위해, 또는 이젝터로 불어내기 위해 사용된다.

043 아래의 그림을 보아라.

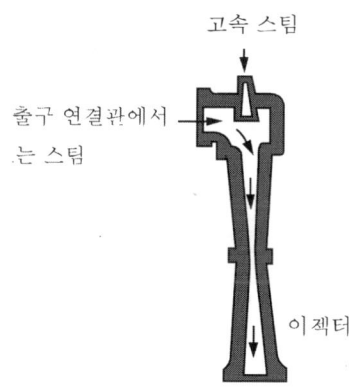

고속의 스팀은 이젝터의 _____을 통하여 흐른다.

044 이러한 밀폐 장치와 누출구들은 (상당한/미소한) 양의 스팀을 덮개를 떠나 밖으로 나가게 한다.

답 **41.** 스팀 **42.** 배수관(Drain) **43.** 노즐 **44.** 미소한

045 고속의 스팀이 ____①____ 를 통해 흐르면서 밖으로 누출된 스팀을 불어낸다.

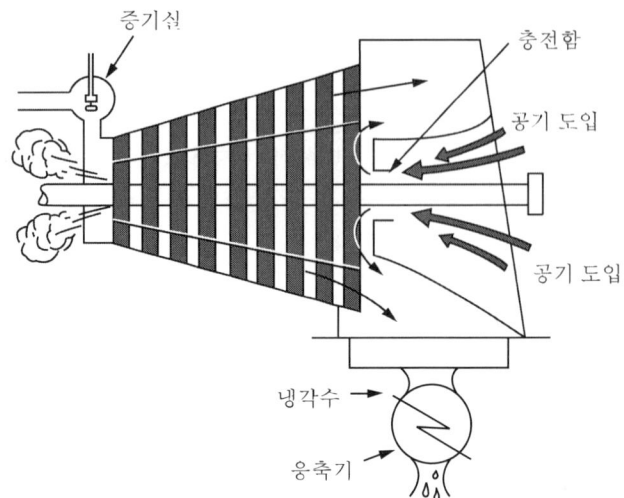

축을 따라 터빈의 배기관 쪽에서 일어나는 누출은 배기관 쪽으로 (② 스팀의 손실/공기의 혼입)을 일으킨다.

046 공기는 응축되지 않으므로, 이것은 진공 펌프나 이젝터를 사용하여 제거하여야 한다.
만일 공기가 배기관 속으로 혼입되어, 이젝터에 의해 제거되지 않았다면 배기 압력이 (증가/감소)한다.

047 고압축 스팀 도입구에 설치된 충전함은 스팀이 _____을 따라서 덮개를 떠나는 것을 막는다.

048 응축식 터빈의 저압축 끝에 설치된 충전함은 덮개로부터 _____의 혼입을 막는다.

답   45. ① 이젝터 ② 공기의 혼입   46. 증가   47. 축   48. 공기

049 아래의 그림을 보아라.

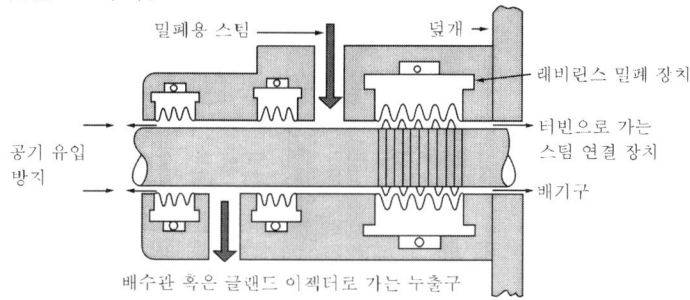

이 충전함에서 래비린스 사이의 공간에 밀폐용 스팀이 (가해진다/제거된다)

050 밀폐용 스팀은 _____을 따라서 두 방향으로 충전함 속으로 주입된다.

051 충전함을 통하여 배기관으로 공기가 혼입하려는 경향을 이 밀폐용 _____이 방지한다.

052 덮개 쪽으로 향하는 밀폐용 스팀은 배기관 속으로 빠져서 _____에서 응축된다.

053 이 스팀이 응축되는 까닭에 이것은 배기 압력을 증가(시킨다/시키지 않는다).

054 아래의 그림은 다른 종류의 패킹의 모양이다.

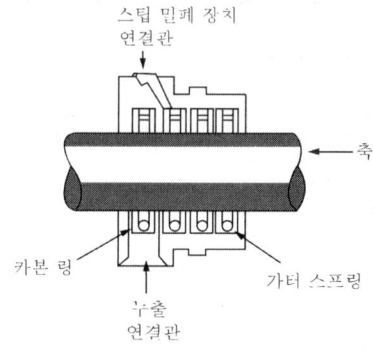

이 패킹은 _____ 링으로 만들어져 있다.

답 49. 가해진다 50. 축 51. 스팀 52. 응축기 53. 시키지는 않는다 54. 카본

55 각 링들은 가터(Garter) _____에 의해 꽉 죄어져 있다.
카본 링은 덮개로부터의 _____의 흐름을 방해한다.

57 링을 통과해서 투출된 스팀은 더 낮은 압력 쪽으로 유도되든지 _____을 통해서 배기된다.

58 응축식 터빈에서는 배기관 쪽으로의 _____의 혼입을 방지하기 위하여 카본 링 패킹도 스팀으로 밀폐시키는 수가 있다.

59 카본 링과 축 사이에는 미소한 간격이 있다.
카본 링은 마찰 저항이 적기 때문에 축과 접촉되더라도 경미한 _____가 일어날 뿐이다.

60 카본 링은 래비린스 패킹보다 마찰 방지 성능이 훨씬 크기 때문에 카본 링 패킹은 축에 _____ 패킹보다 더 밀접하게 접촉할 수 있다.

61 (카본 링/래비린스) 패킹은 스팀의 누설이 더 적다.

62 그러나 래비린스 패킹은 그 재질이 금속이기 때문에 카본 링 패킹보다 더 고온, 고압에 사용될 수 있다.
(래비린스/카본 링) 패킹은 고압시의 밀폐용으로 더 잘 사용된다.

---

55. 스프링 **56.** 스팀 **57.** 누출구 **58.** 공기 **59.** 마모 **60.** 래비린스
61. 카본 링 **62.** 래비린스

063 어떤 터빈은 래비린스 밀폐 장치와 카본 링 패킹을 복합한 형태를 사용한다.

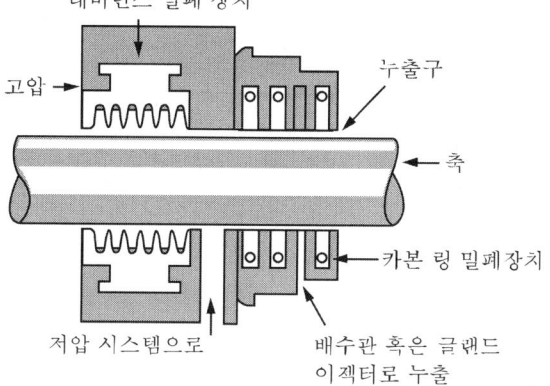

다단 터빈의 고압측은 ____①____ 와 ____②____ 을 둘 다 충전함 속에 넣어 사용한다.

064 래비린스 패킹은 덮개로부터 저압측에 연결된 제1 누출구(Leak-off)로 누출을 조절한다.
래비린스 패킹으로부터 대기로 나가는 누출은 _____ 패킹에 의해 조절된다.

065 배기관 쪽에서 온도와 압력은 많이 감소된다.
따라서 _____ 패킹은 단독으로 이런 저압 쪽에 종종 사용된다.

066 응축식 터빈은 대개 래비린스를 _____ 밀폐에 사용하고 충전함은 배기측에 사용한다.

067 카본 링 패킹은 고도의 표면 속도를 가진(즉 직경이 큰) 축에는 사용할 수 없다.
큰 표면 속도를 가진 축에는 _____ 밀폐 장치를 사용한다.

63. ① 래비린스 ② 카본 링 패킹 **64.** 카본 링 **65.** 카본 링 **66.** 스팀
67. 래비린스

(5) 베어링(Bearing)

068 터빈이 정상적으로 조업되려면 축은 최소의 마찰 저항으로 회전되어야 한다.
축의 _____ 저항은 가능한 한 적어야 한다.

069 회전자는 그것이 회전할 때 일정한 위치에 지지되어야 한다.
축은 다른 방향의 _____이 자유로워서는 안 된다.

070 아래의 그림은 세 종류의 축의 운동 방향을 보여 준다.

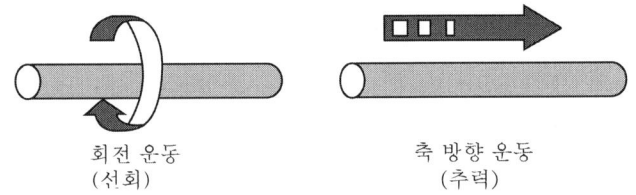

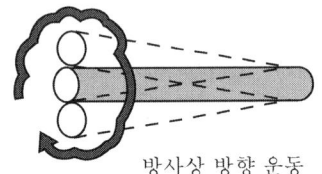

회전 운동 외에도 축은 다른 _____ 방향으로 움직이려는 경향이 있다.

071 스팀이 회전자를 칠 때, 그 힘에 의해 축은 추력을 받게 된다.
(노즐로부터 멀리 달아나려는 경향)
이 운동은 축을 따라 (축/방사상) 방향의 움직임이다.

072 또 다른 방향의 운동은 축이 중심선에서 벗어나서 회전하려는 운동이다.
이것은 (축/방사상) 방향의 운동이다.

답   68. 회전   69. 운동   70. 두 개의   71. 축   72. 방사상

073 원주 방향과 축 방향의 두 개의 _____은 회전자를 제위치에 지지하기 위해서 제어되지 않으면 안 된다.

074 베어링들은 축을 지지하고 그것이 최소의 마찰 저항으로 회전할 수 있게 한다. 베어링은 원주와 _____ 방향의 축의 운동도 제어해야 한다.

075 베어링에 공급되는 윤활유는 회전축과 고정 부품 사이에 얇은 막을 형성한다. 이 윤활막은 축과 고정된 지지물 사이의 _____으로부터 서로를 보호한다.

076 추력 베어링(Thrust bearing)은 터빈 축이 축 방향으로 쏠리는 것을 제한한다.
추력 베어링은 _____ 방향의 운동량을 제한한다.

077 축이 끼워 지지되는 레이디얼(Radial) 또는 저널(Journal) 베어링은 _____ 방향의 운동을 제어한다.

078 아래의 그림을 보아라.

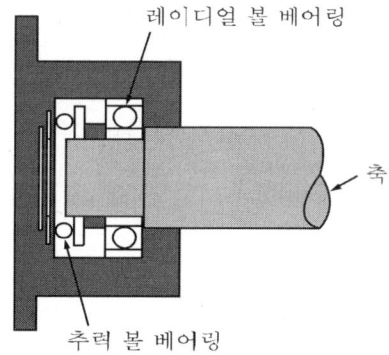

이 소형 터빈의 축은 _____ 베어링에 의해서 축 방향(Axial) 또는 방사상 방향(Radial)의 힘으로 지지된다.

73. 운동 74. 축 75. 러빙(Rubbing) 76. 축 77. 방사상 78. 볼

079 볼은 축 회전에 대하여 (① 큰/작은) 저항을 주고 있으나, 방사상 방향 운동에 대해서는 (② 큰/작은) 저항을 주게 된다.

080 베어링, 축 또는 고정 지주에 _____가 없도록 베어링은 윤활되어 있어야 한다.

081 펌프를 움직이는 많은 터빈에 이들 베어링이 서로 결합되어 사용된다.

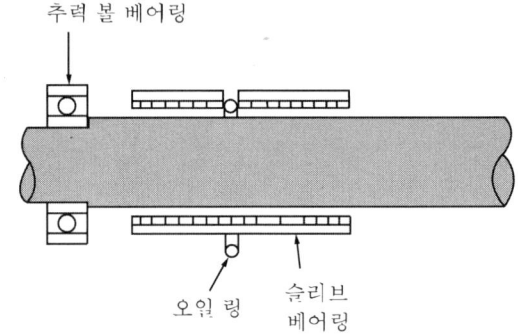

위의 그림에서 축은 _____ 베어링에 의해 지지된다.

082 축의 끝에 위치한 슬리브 베어링은 (방사상 방향/축 방향)의 운동을 막고 있다.

083 슬리브 베어링은 _____의 막에 의해 윤활되고 있다.

084 만약 _____의 힘이 너무 크지 않다면 볼 베어링은 추력 베어링으로 사용될 수도 있다.

085 추력 볼 베어링은 (큰/작은) 터빈에 사용된다.

답 **79.** ① 작은 ② 큰 **80.** 마모 **81.** 슬리브 **82.** 방사상 **83.** 오일 **84.** 축 **85.** 작은

086 아래의 그림은 오일 링에 의한 슬리브 베어링의 윤활을 나타내고 있다.

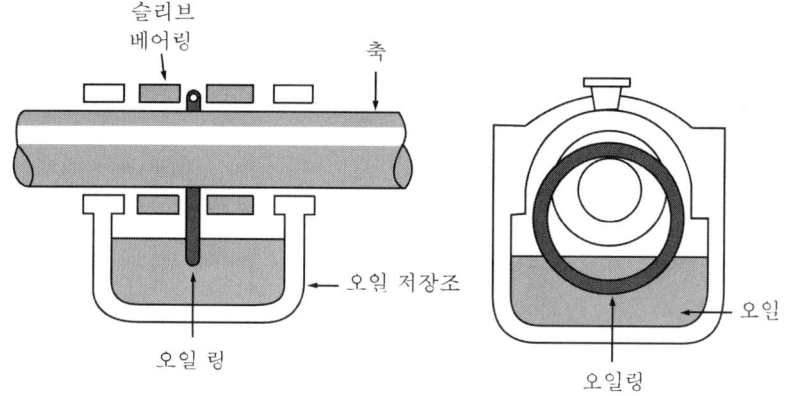

오일 링은 오일 _____로부터 오일을 끌어올린다.

087 축이 회전함으로써 링이 회전하게 되고 따라서 오일은 슬리브 _____까지 끌어올려지게 된다.

088 아래의 그림은 다른 종류의 추력 및 저널 베어링을 결합한 형식을 나타낸다.

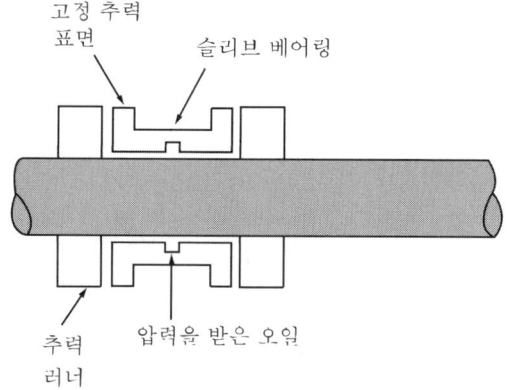

오일은 압력을 받으면서 _____에 공급된다.

089 슬리브 베어링은 (방사상/축 방향)의 운동을 막고 있다.

답 86. 저장조 87. 베어링 88. 베어링 89. 방사상

090 추력 칼라(Collar)는 슬리브 베어링 다음의 축에 고정되어 있고, 이것은 축과 함께 돌아간다. 추력 칼라는 축이(방사상 방향/ 축 방향)으로 움직이는 것을 막는다.

091 오일은 가압하에 추력(Thrust) 표면에 공급된다.

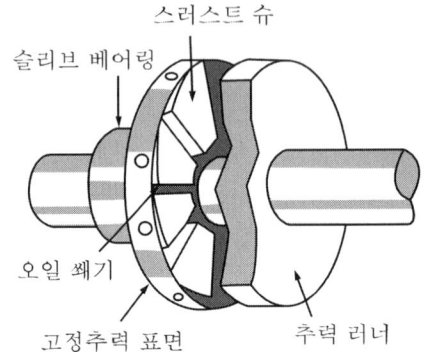

어떤 베어링에서는 고정 추력 표면이 _____이 돌 때 밀어주는 스러스트 슈(Thrust shoe)를 갖추고 있다.

092 오일 쐐기(Oil wedge)는 슈와 스러스트 러너 사이에서 형성되며, 스러스트 슈는 _____ 운동의 힘에 의해서 베어링으로부터 오일이 압착되어 짜 나오는 것을 방지한다.

093 오일 쐐기는 축이 자유롭게 회전할 수 있도록 해 주나 축을 (축 방향/방사상 방향)으로 움직이도록 하는 것은 아니다.

(6) 단식 및 복식 밸브 조속기 (Single and Multi Valve Governor)

094 조속기 밸브에 의해 증기실로 방출된 스팀은 노즐에 의해 바로 _____로 들어간다.

답   90. 축 방향   91. 축   92. 축 방향   93. 축 방향   94. 날개

95 터빈에 걸리는 부하가 전 부하에서 부분 부하로 감소될 때, 터빈의 속도를 유지시키기 위한 스팀양은 줄어들고 조속기 밸브는 _____.

96 증기실의 압력은 조속기 밸브가 닫힘으로써 (증가/감소)된다.

97 최고의 효율을 올리기 위하여 최고 압력이 증기실에서 유지되어야만 한다. 최고의 스팀 압력보다 적은 스팀 압력에서는 효율은 (많다/적다).

98 적은 열에너지가 터빈에 사용될 때 더 많은 열에너지가 _____ 스팀에서 유실되므로 효율은 떨어지게 된다.

99 노즐 열에 있는 일부 노즐을 잠그면 스팀이 흘러가는 통로는 더 작아지게 된다. 스팀이 더 적은 지역으로 흘러가므로 증기실의 스팀 _____은 최적 상태로 되도록 유지된다.

100 부분 부하의 경우 일부 노즐을 잠그면 증기실의 스팀 _____이 더욱 효율적으로 상태를 유지시킨다.

101 아래의 그림을 보아라. 부분 부하의 경우 단식 밸브 조속기에서 터빈의 효율을 _____시키기 위하여 노즐 개폐구를 수동 밸브로 유지 개폐시킨다.

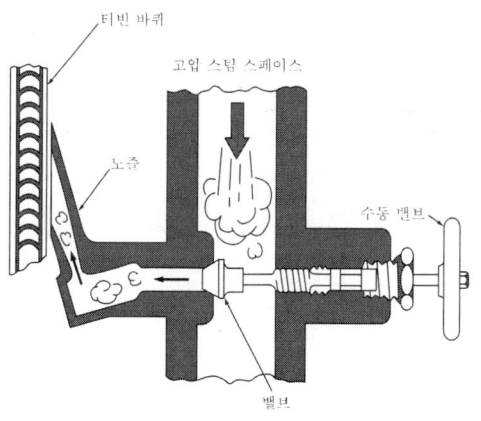

---

95. 닫힌다 **96.** 감소 **97.** 적다 **98.** 배기 **99.** 압력 **100.** 압력 **101.** 유지

102 전 부하 상태의 터빈에서는 ___①___ 또는 ___②___ 를 전부 열거나 거의 대부분 열기도 한다.

103 부하가 감소되면 노즐은 _____로 잠가야만 한다.

104 단지 단식 밸브 조속기는 수동 밸브로 노즐을 개폐시키거나 대형 터빈의 경우 복식 밸브 조속기를 사용하여 증기실에서 노즐을 개폐시킨다.

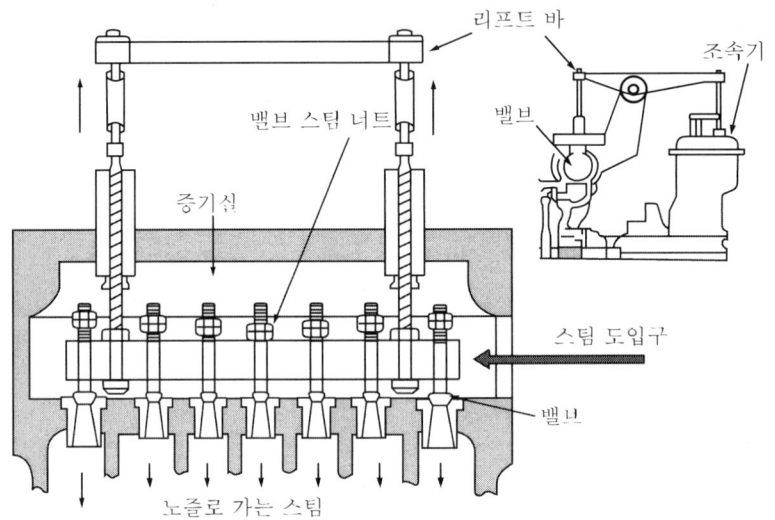

모든 조속기 밸브는 _____에 의해서 조절된다.

105 조속기는 얼마나 많은 ___①___ 이나 ___②___ 가 개폐되어야 하는가를 결정하는 리프트 바(승강대)를 작동시킨다.

106 전 부하의 경우 밸브의 대부분 또는 전부를 연다.
부하가 감소되면 조속기는 밸브의 (전부/일부)를 닫는다.

답 **102.** ① 노즐 ② 수동 밸브 **103.** 수동 밸브 **104.** 조속기 **105.** ① 노즐 ② 밸브
106. 일부

107 각 밸브는 스팀을 _____ 열의 한 구간으로 바로 공급해 준다.

108 조속기는 _____ 열의 한 구간으로 스팀이 들어오게 하거나 막음으로써 자동적으로 속도를 조절한다.

109 밸브 축에 있는 너트의 위치에 따라 밸브의 위치가 결정된다.
조속기의 승강대가 올라가면, 가장 높은 곳의 너트와 연결된 밸브가 (최초/최후)에 열리게 된다.

110 단 하나의 밸브만이 터빈이 분출되는 것을 막을 수 있도록 부분적으로 열리거나, 닫힌 상태로 남아 있게 된다.
나머지 밸브는 완전히 ____①____ 또는 ____②____.

111 단식 밸브보다 복식 밸브를 작동하는 데 더 많은 힘이 필요하게 된다. 왜냐하면 복식 밸브 조속기는 ____①____ 조속기로서, 오일 릴레이 조속기는 직동식 조속기보다 더 (② 많은/적은) 힘을 만들어 내기 때문이다.

(7) 오일 순환(Oil Circulation)

112 가압 윤활계에서 오일은 _____을 받으면서 베어링으로 공급된다.

113 만약 오일 압력이 없어지게 되면 베어링은 윤활이 (된다/되지 않는다).

답 **107.** 노즐 **108.** 노즐 **109.** 최후 **110.** ① 열리거나 ② 닫힌다 **111.** ① 오일 릴레이 ② 많은 **112.** 압력 **113.** 되지 않는다

114 오일 릴레이 조속기가 장치된 터빈은 베어링의 윤활 및 조속기의 유압계를 위하여 깨끗한 오일을 충분히 공급해야 한다.
오일 순환계는 조속기와 베어링에 깨끗한 _____이 적절히 흘러 들어가도록 해 주는 것이다.

115 아래의 그림은 전형적인 오일 순환계이다.

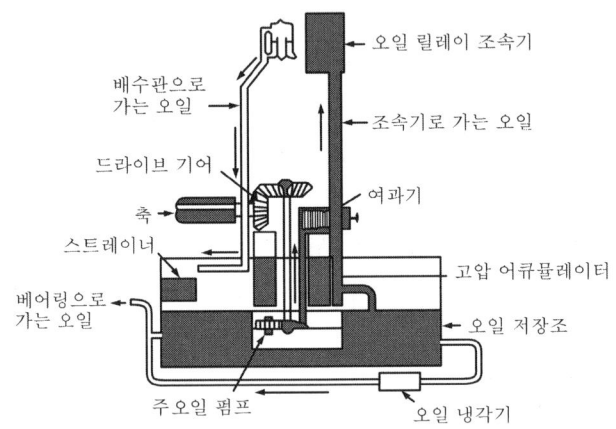

오일은 큰 오일 _____에 저장된다.

116 오일은 오일 _____에 의해서 저장조(Reservoir)로부터 베어링과 조속기에 흐르게 된다.

117 오일이 펌핑되면 오일 _____를 거쳐 오일 속의 불순물이 제거된다.

118 오일이 베어링 주위를 지나가면 베어링에서 생긴 열이 오일에 의해 제거된다.
오일은 _____으로 가는 도중 냉각기를 통하게 된다.

답 114. 오일 115. 저장조 116. 펌프 117. 여과기 118. 베어링

119 너무 뜨겁게 된 오일은 베어링에서 오일막을 형성하는 능력이 없어지게 되므로, 너무 뜨겁게 된 오일은 좋은 윤활제(이다/가 아니다).

120 너무 _____ 된 오일은 또한 성분이 분해된다.

121 그러나 너무 찬 오일은 두꺼운 오일막을 형성하여 베어링을 충분히 _____시킬 수 없다.

122 오일은 적절한 _____를 유지시켜야 한다.

123 오일 순환계가 베어링으로 오일을 순환시키지 못하면 터빈은 심한 손상을 일으킨다. 즉 베어링이 ___①___ 또는 ___②___.

124 그러므로 터빈이 작동 중에 있을 때는 오일은 항상 _____ 상태에 있어야 한다.

125 어떤 터빈은 윤활유 압력이 너무 낮게 될 때 유압식 과속 방지 장치(Hydraulic trip)에 의해 작동이 중지되기도 한다.

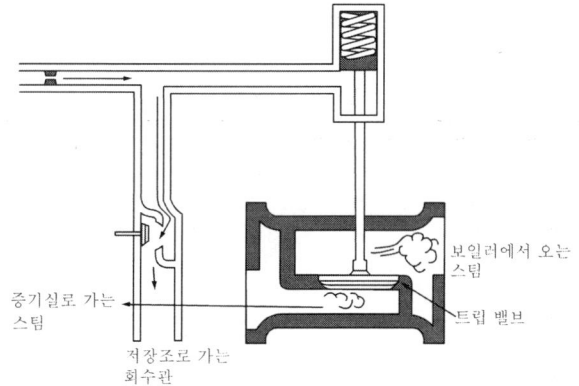

자동 댐프 밸브는 오일 압력이 너무 (높을 때/낮을 때) 트립 실린더로부터 오일을 방출시킨다.

답 **119.** 가 아니다 **120.** 뜨겁게 **121.** 윤활 **122.** 온도 **123.** ① 녹거나 ② 타버린다 **124.** 흐름 **125.** 낮을 때

126 만약 댐프 밸브가 열리면 트립 밸브는 (열리게/닫히게) 되고 터빈은 작동이 중지된다.

127 복식 또는 비상용 장비가 없는 터빈이라면 터빈의 작동이 폐쇄되기도 한다. 왜냐하면 오일 여과기나 냉각기가 막히게 되고 또는 오일 펌프가 파손되기도 하기 때문이다.
비상용 장비는 여과기, 냉각기 또는 오일 펌프에 장애가 생긴다면 곧 _____의 흐름(Flow)이 일정하게 유지되도록 한다.

128 대형 터빈은 (① 하나/두 개)의 펌프가 설치되어 있으며, 하나는 정상 조업시에 사용되고 그리고 나머지는 ___②___ 에 사용된다.

129 하나의 펌프가 폐쇄되면 자동적으로 두 번째의 펌프가 작동되어 오일의 _____을 유지시킨다.

130 어떤 터빈은 오일 저장조 근처에 고압 상태에서 오일을 저장하는 압력 완충 탱크를 가지고 있다. 순환계가 주 펌프에서 비상용 펌프로 옮겨질 때 저장 오일 _____이 오일의 순환을 유지시킨다.

131 만약 터빈의 부하 변화가 커져서 오일 릴레이 계통이 오일의 흐름을 증가시켜야 한다면, 보존 ___①___ 및 ___②___ 으로 오일의 흐름을 유지시키게 된다.

132 때때로 여과기는 막히게 되고, 냉각기의 냉각 표면은 침적물로 더럽혀지게 된다.
만약 예비 여과기나 _____가 있다면 터빈의 폐쇄 없이 깨끗한 오일의 공급으로 새로이 전환 작동될 수 있다.

답 126. 닫히게 127. 오일 128. ① 두 개 ② 비상시 129. 흐름 130. 압력 131. ① 압력 ② 용량 132. 냉각기

133 때때로 여과기는 안전 밸브(Safety valve)를 갖추고 있으므로, 만약 여과기가 막히면 오일이 안전 밸브를 통하여 흐를 수 있도록 되어 있다.
이때에 먼지나 이물이 포함된 여과되지 않은 오일은, 여과기가 _____ 되거나 또는 비상용 여과기로 오일을 전환시킬 때까지 베어링으로 흘러 들어가게 된다.

134 아래의 그림을 보아라.

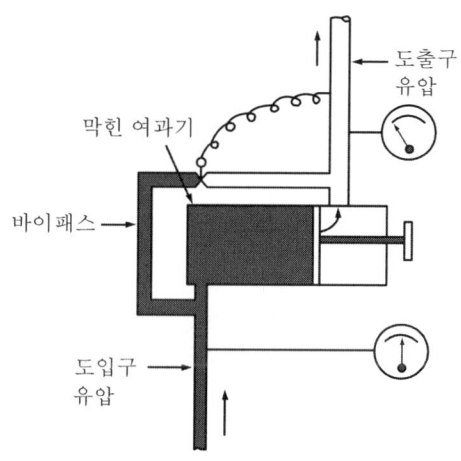

만약 여과기가 막히게 되면 (도입구/도출구) 쪽의 압력은 떨어지게 된다.

135 압력차가 점차 크게 되면 오일의 흐름을 유지시킬 수 있도록 _____를 열어야만 한다.

136 도출구 쪽의 오일 압력이 감소된다는 것은 여과기가 막히고 있는 것을 나타낸다.
특정한 압력차가 나타나게 되면 조업원은 대체용 _____를 작동시켜 흐름을 유지시켜야 한다.

답　**133.** 교환　**134.** 도출구　**135.** 바이패스　**136.** 여과기

137 어떤 공정에서는 비상벨(Alarm)이 설치되어 있어 윤활유의 압력이 떨어지면 조업원이 알 수 있도록 _____가 울리게 된다.

138 또한 어떤 공정에서는 (고온/저온) 비상벨이 설치되기도 한다.

답 **137.** 경보 **138.** 고온

2. 복습 및 요약(Review and Summary)

139 아래 터빈의 각 부품의 명칭을 기입하여라.

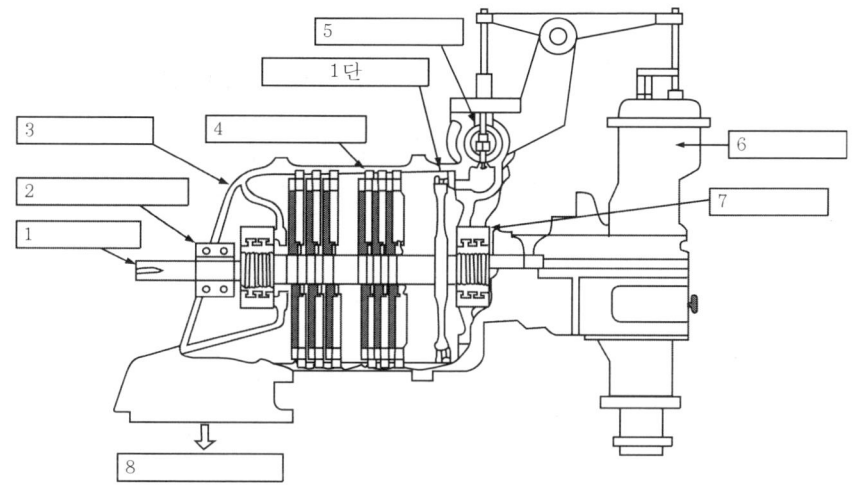

140 위의 터빈은 (① 단단식/다단식)
이 터빈은 (② 단식/복식) 밸브 증기실을 갖추고 있다.

141 축과 격막 사이의 공간은 _____에 의해 밀폐되어 있다.

142 축은 축의 도입구 및 도출구에 있는 _____에 의해 덮개 내부에 밀폐되어 있다.

답 **139.** 1. 축 2. 슬리브 베어링 3. 덮개 4. 격막 5. 조속기 밸브 6. 조속기
7. 래비린스 밀폐 장치 또는 충전함 8. 배기관 **140.** ① 다단 ② 복식 **141.** 래비린스
142. 충전함

143 아래의 그림을 보아라.

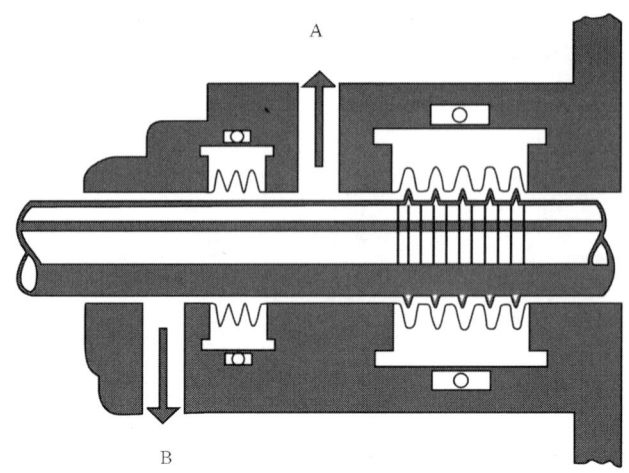

이 충전함은 _____ 밀폐 장치(Seal)로써 꼭 맞추어져 있다.

144 A와 B의 연결 부분은 스팀이 누출될수 있도록 되어 있는 _____이다.

145 (① 응축식/비응축식) 터빈의 (② 도입/도출)구에 있는 충전함에는 스팀 밀봉(Sealing)이 사용되고 있다.

146 베어링은 두 종류의 축운동을 막고 있다. 즉 ___①___ 및 ___②___ 운동이다.

147 스러스트 베어링은 ___①___ 운동을 막고, 저널 베어링은 ___②___ 운동을 막고 있다.

148 대형 다단식 터빈은 (단식/복식) 조속기를 사용한다.

답 143. 래비린스 144. 누출구 145. ① 응축식 ② 도출 146. ① 방사상 방향 ② 축 방향
147. ① 축 방향 ② 방사상 방향 148. 복식

149 단식 밸브 조속기에서 _____ 부분은 수동 밸브에 의해서 작동되거나 또는 중지되거나 한다.

150 베어링과 조속기에 공급되는 오일은 적절한 ___①___ 와 ___②___ 으로 유지되어야 하며 ___③___ 가 없도록 해야만 한다.

답 149. 노즐 150. ① 온도 ② 압력 ③ 먼지

CHAPTER 03

조업
(Operation)

1. 조업(Operation)

(1) 과도한 덮개 압력(Excessive Casing Pressure)

001 스팀이 터빈을 통하여 흐를 때 반드시 흡입구 및 배기구 사이에 압력_____가 있어야 한다.

002 터비의 시동시에는 배기 밸브는 반드시 흡입 밸브보다 먼저 열어야 한다. 그렇지 않으면 과도한 압력으로 덮개가 _____될지도 모른다.

003 만약 흡입 밸브가 배기 밸브보다 먼저 열려졌다면 덮개에 _____이 증가된다.

004 터빈은 가끔 과도한 압력을 방출시키기 위하여 안전 밸브(Safety valve)를 갖추기도 한다. 배기관에 설치된 안전 밸브(Safety valve)는 (수동적/자동적)으로 작동된다.

005 가끔 안전 밸브(Safety valve)는 작동되어 열린 후에 적절하게 재조정되지 않으므로 배기관을 통하여 _____을 계속 누출시켜 사용 가능한 스팀이 대기로 소실된다.

006 어떤 터빈은 안전 밸브(Safety valve)가 아닌 단지 감시의 역할을 하는 경계 밸브만을 갖추고 있다. 경계 밸브는 덮개 받침에 __①__ 이 너무 높을 때 경보만을 내는 것이다. 이때에 조업원은 즉시 압력을 __②__ 시켜야 한다.

답   **1.** 차   **2.** 파열   **3.** 압력   **4.** 자동적   **05.** 스팀   **06.** ① 압력 ② 감소

007 경계 밸브는 그 자체가 스스로 과도 압력을 방지하여 덮개를 보호(한다/하지 않는다).

008 터빈으로 가는 스팀의 흐름을 차단시켜 압력을 감소시킨다.
조업원은 스팀의 흐름을 막기 위하여 즉각적으로 흡입 밸브를 (연다/잠근다).

009 시동시에는 (① 흡입/배기) 밸브를 제일 먼저 열고 폐쇄시에는 _____② _____ 밸브를 제일 먼저 잠근다.

010 용량이 큰 고압 터빈은 정상 조업의 준비가 완료될 때까지 낮은 속도로 작동해야만 하며, 이 터빈의 흡입 밸브는 (완전히/일부분) 열게 된다.

(2) 보온(Insulation)

011 보온은 공정으로부터 _____손실을 막는 것을 말한다.

012 터빈은 열손실을 막고 조업원이 화상을 입지 않도록 보온되어야 한다. _____은 조업 중에는 손을 대어서는 안 된다.

013 만약 수리 및 검사를 하는 동안에 보온물이 제거되면 반드시 시동하기 전에 다시 _____되어야 한다.

---

7. 하지 않는다 8. 잠근다 9. ① 배기 ② 흡입 10. 일부분 11. 열 12. 보온 13. 시공

(3) 스팀의 응축(Condensation of Steam)

14 터빈에서 나오는 스팀의 온도는 터빈으로 들어가는 스팀의 온도보다 항상 낮다.
흡입 스팀의 온도가 높을수록 배기 스팀은 (더/덜) 건조한 상태로 된다.

15 응축식 터빈은 배기 온도가 낮다.
일부분의 스팀은 마지막 단을 통과할 때에 대개 응축된다. 이들 터빈은 일정한 양의 응축수가 생성되어도 _____에 침식을 일으키지 않도록 설계되어 있다.

16 흡입 스팀의 온도가 설계값 이하로 떨어지면 더 많은 스팀이 앞쪽 단에서 응축하게 된다.
이들 단들은 응축수에 견딜 수 있게 설계되어 있지 않으므로, 응축수에 의해서 _____하게 된다.

17 흡입 스팀으로부터 액체가 형성되어 이보다 낮은 온도의 표면에 부착되는 현상을 _____이라 한다.

18 물은 흡입관의 낮은 부분에 모인다.

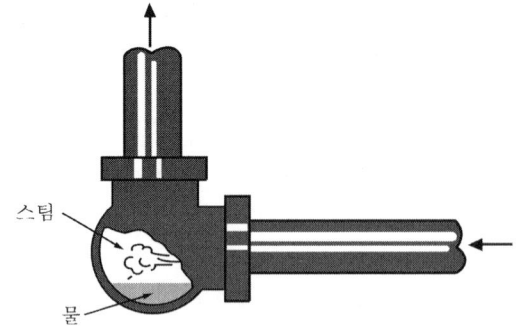

낮은 속도의 스팀은 물이 있는 곳을 통과할 때 물을 스팀 속으로 끌어(들인다/들이지 못한다).

---

14. 더 **15.** 날개 **16.** 침식 **17.** 응축 **18.** 들이지 못한다

019 시동 중에는 많은 터빈이 (① 낮은/높은) 속도로 작동되며 터빈으로 흐르는 스팀의 속도도 _____②_____.

020 터빈의 속도를 올렸을 때는 스팀의 속도도 충분히 커져서 _____을 끌어 올려 스팀과 함께 이동시킬 수 있게 된다.

021 노즐을 통하여 들어가는 물덩어리는 바퀴(Wheel) 바깥쪽의 _____를 파손시킬 수 있다.

022 터빈의 덮개와 배관의 낮은 부분에는 배수관(Drain)이 설치되어 있어 낮은 부분은 시동 전에 반드시 _____되어야 한다.

023 드레인 밸브를 열어 (① 높은/낮은) 속도로 스팀을 불어넣어야만 한다. 불어내는 스팀이 건조된 상태이면 터빈에 손상을 일으킬 (② 대부분/모든) 물이 제거된 것이다.

024 어떤 배수구에는 스팀 트랩이 설치되어 있어 자동적으로 뜨거운 응축수가 배수된다.
만약 스팀 트랩이 연결된 배관이 냉각된 상태에 있다면, 이것은 트랩이 적절히 작동되고 (있는/있지 않은) 것을 말한다.

(4) 불균일한 가열 및 냉각의 영향
(Effect of Uneven Heating and Cooling)

025 스팀은 비교적 높은 온도에서 터빈으로 들어간다.
오랜 조업 중지 후 시동할 때는 터빈은 (뜨거운/냉각된) 상태에 있다.

답 19. ① 작은 ② 낮다 20. 물 21. 날개 22. 배수 23. ① 높은 ② 모든
24. 있지 않은 25. 냉각된

26 터빈의 금속 성분은 가열될 때 급격히 팽창된다.
뜨거운 스팀과 접촉되는 부분이 급격히 _____ 된다.

27 응축식 터빈의 시동 중에는 스팀이 터빈으로 들어가기 전에 응축기가 먼저 조업되도록 해야 한다.
응축기는 배기 온도를 비교적 (높게/낮게) 유지시킬 수 있다.

28 응축식 터빈의 배기 부분은 비응축식 터빈의 배기 부분보다 더 (높은/낮은) 온도로 작동되도록 설계되어 있다.

29 만약 배기 온도가 너무 높아진다면 덮개 플랜지(Casing flange)의 볼팅(Bolting)은 늘어나게 되어 온도가 정상으로 돌아왔을 때 헐겁게 되며 덮개 플랜지의 배기부 쪽에서 스팀이 _____ 되기도 한다.

30 시동 중에 회전자는 덮개보다 더 빨리 조업 온도까지 올라가게 된다. 따라서 회전자는 덮개보다 (더 많이/덜) 팽창하게 된다.

31 단과 단 사이의 격막이 덮개에 설치되어 있고, 만약 덮개가 늘어나지 않는다면 격막도 그 위치가 (변한다/변하지 않는다).

32 회전자가 팽창하면 길어지게 되고 회전자가 덮개보다 더 빨리 팽창되면 바퀴는 _____ 에 마찰된 만큼 밀착된다.

33 다단식 터빈의 시동 중에는 터빈을 통한 스팀은 덮개와 회전자가 함께 팽창하도록 조금씩 흐르게 하여 회전자가 격막에 마찰되게 (한다/하지 않는다).

---

26. 팽창 27. 낮게 28. 낮은 29. 누출 30. 더 많이 31. 변하지 않는다 32. 격막
33. 하지 않는다

(2) 축의 휨(Shaft Bow)

034 스팀이 터빈 속으로 들어가면 회전자는 천천히 돌아야 한다.

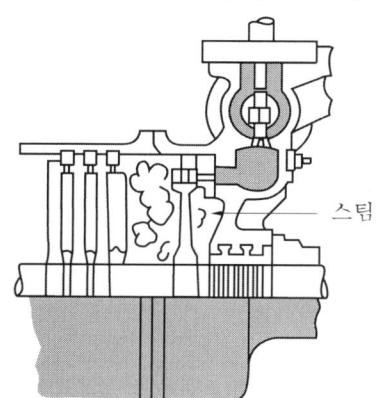

회전자가 돌지 않을 때 뜨거운 스팀은 회전자의 (상반/하반) 부분에 접촉된다.

035 상반부는 하반부보다 더 많이 _____하게 된다.

036 축은 불균일한 가열에 의하여 _____ 된다.

037 스팀의 공급이 중단되면 터빈은 _____되기 시작한다.

038 금속 성분은 냉각될 때 급격히 수축하게 된다.
조업 중지시 회전자축은 냉각되어 _____된다.

039 불균일한 냉각은 소형 터빈에서보다 축을 가진 대형 터빈에서 (많은/적은) 문제가 된다.

답 **34.** 상반 **35.** 팽창 **36.** 휘게 **37.** 냉각 **38.** 수축 **39.** 많은

040 아래의 그림을 보아라.

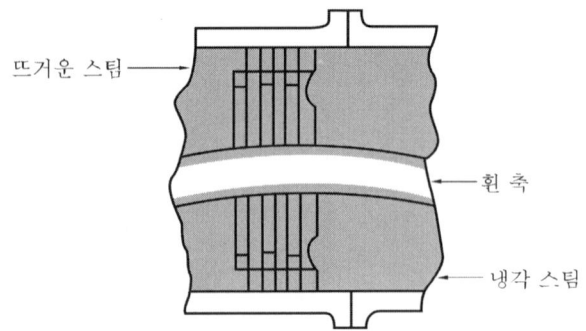

조업 중지시에 덮개 속의 스팀은 _____되기 시작한다.

041 차고 무거운 스팀은 덮개의 (상부로 올라간다/하부로 떨어진다).

042 회전자는 상부보다 하부에서 (더 빨리/더 천천히) 냉각된다.

043 축은 이때에 _____ 된다.

044 터빈은 회전자 전체가 동일한 온도로 될 때까지 천천히 냉각되어야 한다. 터빈에서 온도의 차가 (클 때/작을 때) 조업 중지 후의 짧은 시간 동안에 휨은 가장 커진다.

045 바퀴는 축에 꽉 맞게 끼어 있으므로 냉각이 완전히 될 때까지 휘어 있는 상태로 있게 된다. 축은 시동시에도 _____ 된다.

046 금속 부분은 시동시에 다시 _____된다.

답 40. 냉각 41. 하부로 떨어진다 42. 더 빨리 43. 휘게 44. 클 때 45. 휘어 있게
46. 팽창

047 시동시에 터빈은 낮은 속도로 조업하면, 휘어진 축은 곧게 되돌아온다. 왜냐하면 이런 휨은 (영구적/일시적)으로 생성된 것이기 때문이다.

048 높은 속도로 시동시키면 일시적인 휨은 _____ 휨으로 변환된다.

049 시동 중 서서히 돌리면서 균일하게 팽창되면 축은 똑바르게 된다.
갑작스런 회전은 축의 _____을 크게 한다.

050 휜 축을 끌어들이는 원심력은 휨을 증가시킬 수 있다.
휨이 바르게 되기 전에 터빈을 가속시키면 축의 휨을 (증가/감소)시키게 하는 원인이 된다.

051 만약 휨이 증가한다면 축은 격막에 밀착되고 마찰에 의해서 심한 _____이 발생하게 된다.

052 이러한 심한 열은 축이 _____인 휨을 일으키게 하여, 터빈은 분해 수리를 해야만 한다.

053 조업 중지시 불균일한 가열 및 냉각을 방지하기 위하여 더 큰 공정시에서는 모든 부분이 균일하게 _____될 수 있도록 회전자를 회전시키는 회전 기어가 설치되어 있다.

054 회전자가 회전될 때 모든 부분은 스팀의 뜨거운 층과 균일하게 접촉되어 같은 양의 열을 받게 된다. 그러므로 전 부속품은 _____하게 냉각된다.

답 47. 일시적 48. 영구적 49. 휨 50. 증가 51. 열 52. 영구적 53. 냉각 54. 균일

055 비교적 낮은 스팀 압력으로 작동되는 소형 단식 터빈은 불균일한 가열에 의해 발생되는 문제도 적다. 많은 소형 터빈은 (점차적으로/즉각적으로) 속도를 올릴 수 있다.

056 대형 다단식 터빈은 속도를 정상으로 올리기 전에 약 30분 동안 정상 조업 속도의 20%로써 작동시킨다.
이렇게 서서히 조업시킴으로써 _____한 팽창이나 축 마찰을 방지할 수 있다.

(6) 충전함 누출(Packing Box Leakage)

057 시동시에는 축과 패킹 사이의 빈 틈은 정상 조업시보다 커서, 약간의 누출이 일어나게 된다. 축이 더워지기 시작하면 _____하여 빈틈은 감소된다.

058 터빈과 축이 더워지면 누출은 (감소된다/증가한다).

059 만약 패킹이 형편없이 마모되었다면 누출은 터빈이 더워지는 동안에 감소(한다/하지 않는다).

060 때때로 누출구 연결점은 막히게 되거나 누출구에 연결된 스팀관의 밸브가 닫히게 된다.

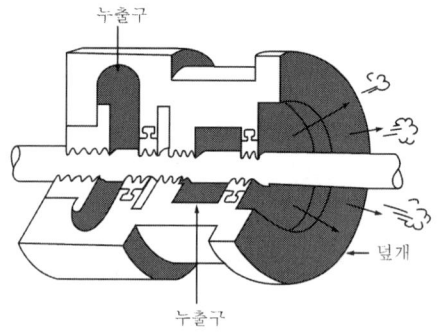

스팀은 덮개로부터 대기로 _____ 된다.

답 55. 즉각적으로 56. 불균일 57. 팽창 58. 감소된다 59. 하지 않는다
60. 누출

61 충전함을 밀폐하기 위하여 _____의 연결 부분이 작동되어야 한다.

62 응축식 터빈의 배기부 패킹은 스팀으로 밀폐되어 있다.
스팀은 충전함으로 (들어간다/부터 제거된다).

63 밀폐해 주는 스팀이 너무 많으면 충전함 이젝터가 스팀을 모두 제거시킬 수 없으며, 스팀의 일부가 누출되어 ___①___ 또는 ___②___으로부터 흘러나가게 된다.

64 밀폐용 스팀이 터빈이 들어가기 전에 들어가게 된다면 스팀은 회전자의 한쪽 부분만을 가열하게 되어, 축은 한쪽 부분만이 팽창되어 _____ 된다.

(7) 진동(Vibration)

65 두 가지의 진동 결과가 다음과 같이 나타난다.
1. 진동수(일정 시간 동안의 진동의 수)
2. 진폭(축 또는 베어링의 운동 거리)
진동수는 일정 시간에 일어나는 진동의 _____이다.

66 완전한 한 번의 진동을 1주기(Cycle)라 하고, 진동수(Frequency)는 1분당 사이클로써 나타낸다.
1분당 300사이클의 진동수는 1분당 100사이클의 진동보다 _____가 더 크다.

67 진동의 속도 (주어진 시간에 대한 진동의 수)를 (진동수/진폭)라고 한다.

답   **61.** 누출구   **62.** 들어간다   **63.** ① 덮개 ② 충전함   **64.** 휘게   **65.** 수
66. 진동수   **67.** 진동수

068 진동수는 진동의 폭과는 직접적인 관련이 없다.
진동수가 증가하면 축 또는 베어링 운동의 크기는 (증가한다/반드시 증가하지는 않는다).

069 축 A와 B는 똑같은 진동수로써 진동하고 있다.

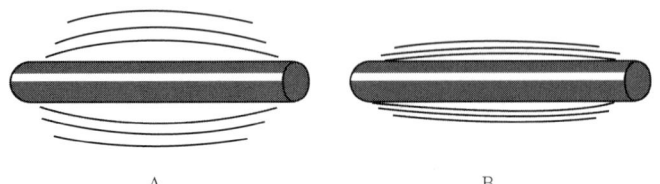

축 A는 축 B보다 (더/덜) 움직인다.

070 진폭은 Mils(밀은 1인치의 1,000분의 1과 같다)로써 측정된다.
10밀(1인치의 100분의 1)로써 진동하는 축은 4밀(1인치의 250분의 1)로써 진동하는 축보다 (더/덜) 움직인다.

071 진폭은 세 가지 방향에서 측정되고 있다. 즉 하나의 축 방향과 두 개 축의 방사상 방향의 세 가지이다.

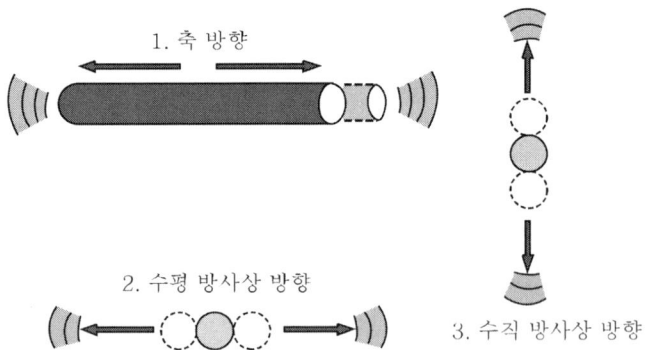

1은 축이 진동하고 있으며,
2는 ____①____ 의 진동이 수평면을 따라 측정되며,
3은 방사상 방향 진동이 ____②____ 을 따라 측정된다.

---

68. 반드시 증가하지는 않는다 **69.** 더 **70.** 더 **71.** ① 방사상 방향 ② 수직면

072 정상 조업시에는 진동의 폭은 작다.
진동의 폭이 증가된다는 것은 비정상 상태라는 것을 말하며, 이것은 빨리 _____되어야 한다.

073 축이 평형을 잃으면 진폭은 증가된다.

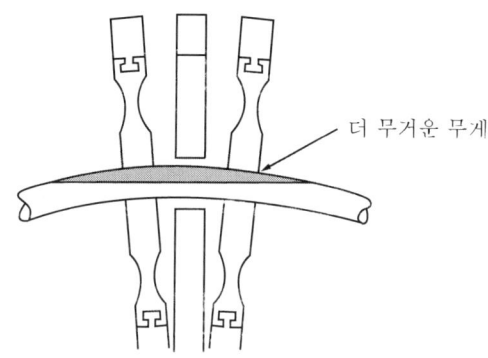

휜 축은 한쪽 부분이 다른 쪽보다 _____를 더 갖게 된다.

074 휜 축이 돌면 원심력이 무거운 쪽을 끌어당겨, 이런 불균등한 힘에 의해 진동의 폭이 증가된다.
무게(Weight)가 불균일한 상태일 때는 진동의 폭은 (크다/작다).

075 터빈에서 펌프로 연결되는 커플링이 잘못 연결될 때도 있다.

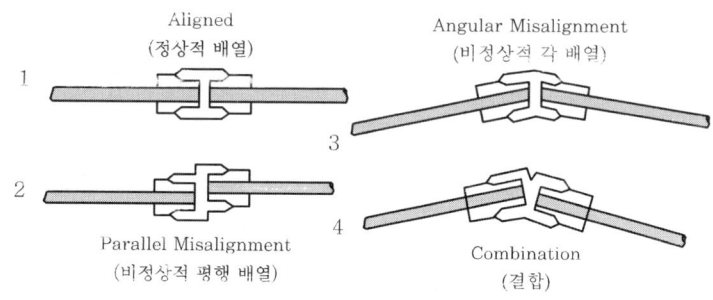

배열이 잘못될수록 _____은 더욱 커진다.

답 **72.** 교정 **73.** 무게 **74.** 크다 **75.** 진폭

076 파손된 날개를 가진 바퀴는 불균등한 무게를 가지게 되므로 과도한 _____을 일으킨다.

077 회전자가 어떤 것으로 막혀 있을 때는 진동(진폭)이 증가된다.
축과 마찰되고 있는 새로이 설치된 카본 링도 그것이 마모될 때까지 약간의 _____을 일으킨다.

078 베어링은 축 방향 및 방사상 방향 운동을 제한해야 한다.
_____된 베어링은 축 방향 및 방사상 방향의 운동을 충분히 제한할 수 없다.

079 베어링의 간격이 마모에 의해 증가될수록 축의 진동도 또한 (증가한다/감소한다).

080 진동을 줄이기 위하여 _____은 반드시 교환되어야 한다.

(8) 임계 속도(Critical Speed)

081 아래의 그림을 보아라.

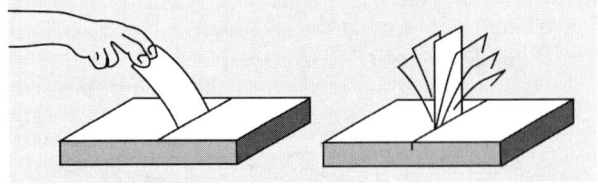

만약 얇은 철편의 끝 쪽을 잡아 끌어당겼다가 놓으면 일정한 속도로 진동한다. 즉 그 철편이 가진 고유의 _____로 진동한다.

답 76. 진동 77. 진동 78. 마모 79. 증가한다 80. 베어링 81. 진동수

082 이러한 고유 진동수는 철편의 길이에 어느 정도 비례한다.
긴 철편은 짧은 철편의 진동수와 (같은/다른) 진동수로 진동한다.

083 단단한 철편은 연한 철편과는 _____ 진동수로 진동한다.

084 금속 철편과 같이 축은 그 자체의 고유 _____에서 진동하려는 경향을 가졌다.

085 짧은 축과 똑같이 딱딱한 긴 축은 짧은 것보다 더 낮은 고유 진동수를 가지고 있다.
긴 다단식 터빈의 축은 단식 터빈의 축보다 고유 진동수가 더 (많다/적다).

086 길이는 같으나 경도가 다른 두 개의 축은 고유 진동수가 다르다.
더 단단한 축은 더 (많은/적은) 고유 진동수를 가진다.

087 축이 돌 때 축의 회전과 꼭 같은 비율의 진동으로 축을 동작하게 한다.
즉, 1,000RPM으로 돌고 있는 축은 1분당 _____ 사이클의 진동수로 진동한다.

088 3,500RPM에서 진동하고 있는 축은 1분당 _____ 사이클로써 진동한다.

089 축이 돌수록 진동은 더 _____ 된다.

090 축이 그 고유의 진동수와 같은 속도로 돌 때, 이것을 그 축의 임계 속도라고 한다.
즉 회전에 의해 발생된 진동은 그 임계 속도에서 축의 _____ 진동수와 같다.

답 82. 다른 83. 다른 84. 진동수 85. 적다 86. 많은 87. 1,000 88. 3,500
89. 빨리 90. 고유

091 대개의 속도에서 회전에 의해 발생된 진동은 고유 진동수와 (똑같다/다르다).

092 임계 속도가 아닌 속도로 돌 때 진폭은 보통 작다.
임계 속도에서 진폭은 _____.

093 정상 조업 속도에 도달하기 전에 임계 속도를 통과해야 하는 터빈을 플렉시블 샤프트 터빈(Flexible shaft turbine)이라고 한다.
플렉시블 샤프트 터빈은 그 정상 조업 속도보다 (낮은/높은) 임계 속도(Critical speed)를 갖는다.

094 경질의 축을 가진 터빈은 임계 속도를 초과해서는 안 된다.
경질 축의 터빈은 정상 조업 속도보다 낮은 임계 속도를 가져서는 (된다/안 된다).

095 고속의 다단식 터빈은 일반적으로 임계 속도 이상의 조업 속도를 가진다.
고속의 다단식 터빈은 일반적으로 _____ 샤프트를 갖추고 있다.

096 축의 운동이 베어링에 의해 제한되었기 때문에 과도한 진동은 그 기간 동안에 베어링에 심한 _____을 주게 된다.

097 베어링의 손상을 피하기 위하여 터빈은 어느 기간 동안 _____에서 작동하도록 해서는 안 된다.

098 다단시 터빈의 축이 휘어진다면 그 진폭은 임계 속도를 통과할 때에 더 (크다/작다).

답 91. 다르다 92. 커진다 93. 낮은 94. 안 된다 95. 플렉시블 96. 손상
97. 임계 속도 98. 크다

099 진동은 계기로써 탐지한다.
과도한 진동은 _____에 손을 대어 보고 알아낼 수도 있다.

(9) 날개의 침적물(Blading Deposit)

100 터빈으로 들어가는 스팀이 보일러로부터 넘어온 고정물을 포함하고 있다면, 이 물질은 날개(Bucket)에 모여서 _____을 형성하게 된다.

101 날개에 침적물이 많이 쌓이게 되면, 날개의 형태는 달라지게 된다.

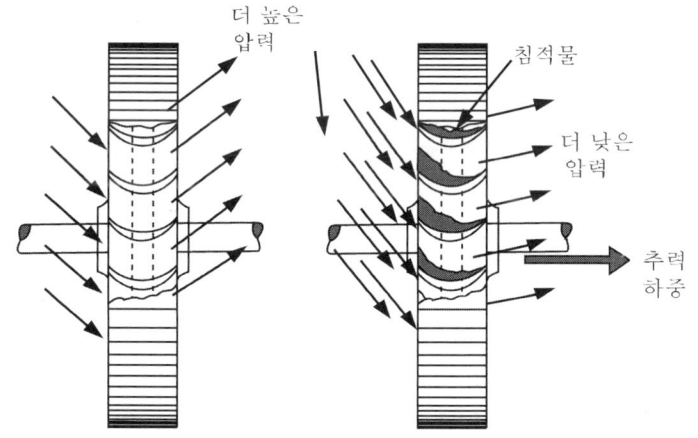

날개를 통하여 스팀이 흐르는 통로는 침적물이 많이 쌓이게 될 때 크기가 (감소한다/그대로 있다).

102 흐름의 감소는 바퀴(Wheel)의 한쪽편에만 스팀 _____이 걸리게 된다.

103 날개에 작동하는 스팀 흐름의 변화는 회전자(Rotor)를 앞쪽으로 밀리게 한다. 이러한 밀림은 (레이디얼/스러스트) 베어링에 부하를 증가시킨다.

---

99. 터빈 100. 침적물 101. 감소한다 102. 압력 103. 스러스트

104 침적물이 날개에 침적될 때는 모든 날개에 균일하게 침적된다.
침적물의 무게는 (균일하게/불균일하게) 분포된다.

105 침적물의 일부가 날개로부터 떨어져 나오면 무게의 분포가 (① 균일/불균일)하게 된다. 회전자의 진동은 ___②___ 한다.

(10) 윤활(Lubrication)

106 움직이는 부분을 지지하고 있거나 연결하고 있는 모든 요소는 윤활되어야 한다. 베어링은 반드시 _____되어야 한다.

107 오일 링의 슬리브관에서는 금속 링이 저유조로부터 오일을 끌어올려 베어링으로 보내게 된다.
오일 _____는 시동 전에 정확한 높이까지 채워 있어야만 한다.

108 오일은 가압하에 가압 윤활식 슬리브 베어링(Pressure lubricated sleeve-bearing)으로 공급된다.
오일을 공급하는 오일 순환계는 충분한 오일 _____을 유지하고 있어야 한다.

109 오일이 시동 전에 너무 냉각되면 오일은 너무 (진하게/묽게) 된다.

110 진하고 냉각된 오일은 순환이 잘 되지 않기 때문에, 너무 적은 오일이 베어링에 도달하게 된다.
냉각된 오일은 터빈을 시동하기 전에 _____시켜야 한다.

답 **104.** 균일하게 **105.** ① 불균일 ② 증가 **106.** 윤활 **107.** 저장조 **108.** 압력
109. 진하게 **110.** 가열

111 터빈이 시동을 하면 스팀과 베어링 마찰열에 의해 오일은 가열된다.
시동 후에는 오일의 온도는 (증가한다/감소한다).

112 오일 온도가 너무 높이 올라가면 오일은 분해하게 된다.
오일 (가열기/냉각기)는 터빈이 작동하는 동안에 같이 작동되고 있어야 한다.

113 만약 온도가 너무 높으면, 오일은 너무 묽어져서 축과 베어링 사이에 필요한 막을 유지하지 못한다.
오일을 냉각시키는 것은 오일의 적절한 _____을 유지하기 위한 것이다.

(11) 오일계 내의 수분(Water in the Oil System)

114 물은 노출된 철 표면을 부식시킨다.
만약 물이 오일계 내에 들어가면 보호되지 않은 철 표면을 _____시킨다.

115 물은 가끔 철을 부식시키는 화합물과 결합되어 있다.
만약 물을 함유하고 있는 오일이 공기로부터 이들 화합물을 흡수하여 _____과 결합하면 부식(Corrosion)을 초래하게 된다.

116 오일과 섞인 물은 진한 유화액(Emulsion)을 만든다.
오일·물 유화액은 오일 여과기를 _____ 수 있다.

답   111. 증가한다   112. 냉각기   113. 점성   114. 부식   115. 물   116. 메울

117 물, 오일 및 공기가 함께 혼합되면 거품(Foam)을 발생한다.

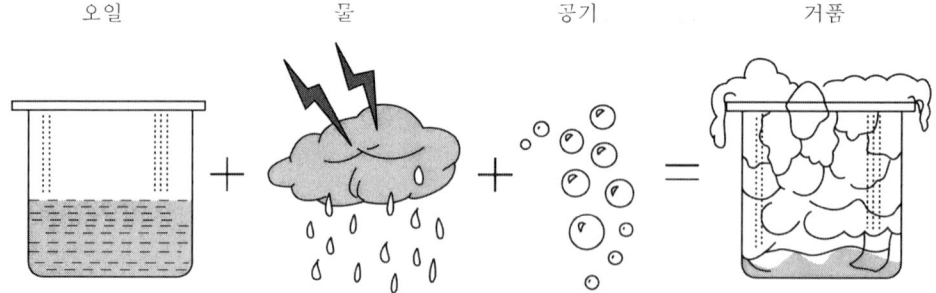

만약 오일·물 혼합물이 베어링을 통해서 들어가면, 베어링 덮개에서 공기와 혼합되어 오일·물·공기 혼합물은 _____을 발생하게 된다.

118 이런 거품은 베어링 덮개로부터 터빈의 외부로 흘러넘치게 되어 보온재 속으로 스며들어간다.
만약 보온재에 흡수된 오일이 아주 높은 온도에 닿으면 이것은 _____한다.

119 충분한 물이 오일 저장조의 바닥에 모이면, 오일 대신 _____이 베어링으로 펌핑될 수도 있다.

120 오일이 물에 뜨기 때문에 물은 저장조의 (상부/하부)에서 배수시킬 수 있다.

121 오일 여과기를 통한 압력 강하에 주의해야 하며, 강하가 너무 _____ 않도록 해야 한다.

122 조속기 스핀들 베어링은 항상 윤활된 상태에 있어야만 한다.
만약 플라이볼 조속기가 _____된 상태가 아니면, 그것은 파손되어 터빈을 과속 상태로 되게 하거나 또는 조업 중지를 초래하게 된다.

답 117. 거품 118. 발화 119. 물 120. 하부 121. 높지 122. 윤활

(12) 과속 방지 장치(Overspeed Trip)

123 과속 방지 장치는 터빈의 _____시에 작동되도록 해야만 한다.

124 시동 전에 수동 트립 레버는 트립 밸브가 잘 작동하는지 또는 적절히 _____지는지를 알기 위하여 밀어 보아야 한다.

125 트립 및 경보 회로는 작동 여부를 확인하기 위하여 주기적으로 점검하여야 한다.
이런 점검을 할 수 있는 최적의 시간은 터빈이 (작동하지 않을 때/작동할 때) 이다.

126 터빈을 조업 중지시키려고 할 때, 수동 트립 레버를 치면 작동을 중지시킬 수 있다.
스팀은 수동 _____를 치게 되면 자동적으로 차단된다.

127 대형 터빈에는 유압식 및 전기적 트립 장치가 설치되어 있다.
이런 유압식 트립을 사용하기 위해서는 유압 _____계로 조업되는 것이어야 한다.

---

123. 과속 **124.** 잠겨 **125.** 작동하지 않을 때 **126.** 트립 레버 **127.** 오일

(13) 터빈 속도의 조정(Turbine Speed Adjustment)

128 아래의 직동 플라이볼 조속기의 그림을 보아라.

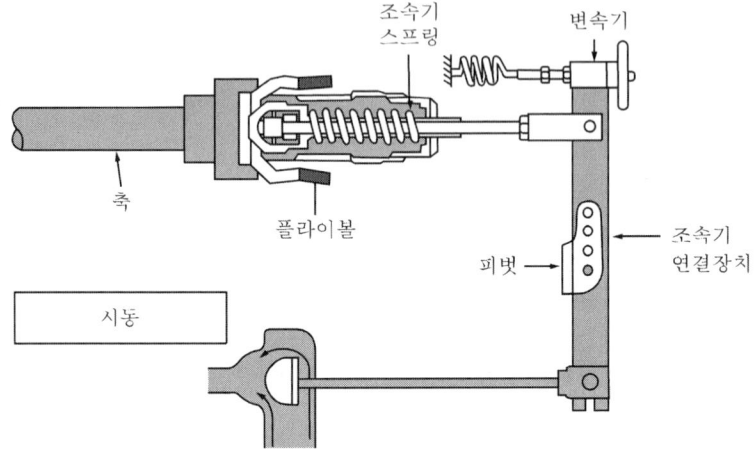

터빈이 정격 조업 속도에 도달할 때까지 조속기 _____ 에 의해 플라이볼들은 함께 모여 있다.

129 조속기 연결 장치에 연결된 또 하나의 다른 _____은 그 장력 때문에 속도 조정이 여러 가지로 가능할 수 있는 것이다.

130 플라이볼의 원심력은 이들 두 개의 _____의 장력 사이에 평형을 이루고 있다.

131 변속용 스프링의 장력(Tension)은 손잡이를 돌려서 변화시킬 수 있다. 스프링의 장력이 증가될수록 플라이볼은 조속기 밸브를 움직이기 위하여 (더빨리/천천히) 회전하게 된다.

132 변속기의 장력을 증가시키면 밸브가 더 빠른 속도로 닫히게 되어 조업 속도는 _____된다.

답 128. 스프링 129. 스프링 130. 스프링 131. 더 빨리 132. 증가

133 아래의 그림은 유압식 조속기이다.

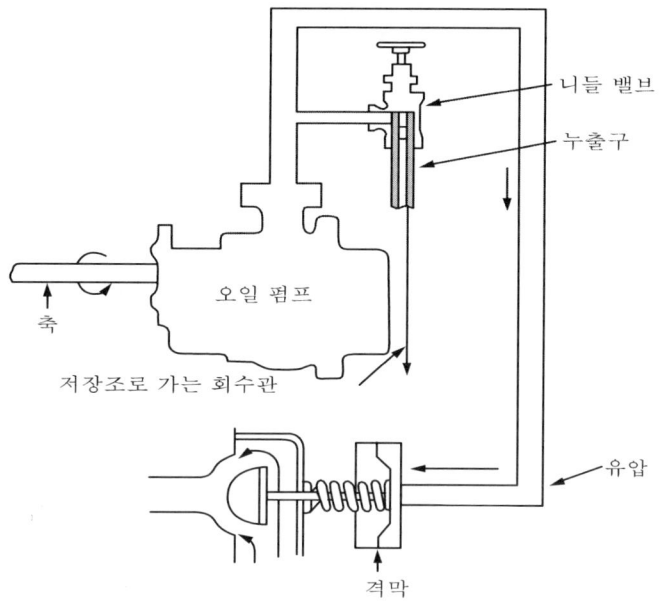

터빈의 속도가 증가하면 (더 많은/더 적은) 오일이 조속기계로 펌핑된다.

134 오일이 더 많이 펌핑될수록 압력은 증가하고 조속기 밸브는 (열린다/닫힌다).

135 니들 밸브를 많이 열수록 조속기에서 흐르는 오일의 저항은 _____한다.

136 조속기 펌프는 밸브를 닫을 수 있는 충분한 압력을 주기 위하여 더 빨리 작동해야만 한다.
니들 밸브를 열면 터빈 속도 조정이 (감소/증가)된다.

137 니들 밸브를 조금씩 닫으면 터빈 속도 조정이 (감소/증가)된다.

답 **133.** 더 많은 **134.** 닫힌다 **135.** 감소 **136.** 증가 **137.** 감소

138 유압식 조속기의 오일 누출구는 플라이볼 조속기의 변속기보다 속도의 변화를 더 크게 하며, (플라이볼/유압식) 조속기는 더 큰 속도 범위에서 작동하게 된다.

139 오일 릴레이에서 파일럿 밸브를 조정하여 속도의 변화를 조절할 수 있다.

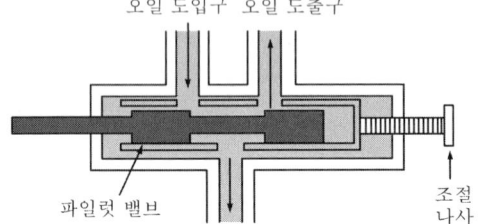

파일럿 밸브를 맞추면 플라이볼을 조정하지 않고 오일 도입구 및 _____의 조정 장치가 변화한다.

(14) 계장(Instrumentation)

140 순환 오일계에서는 적절한 온도와 압력이 유지되어야만 한다.

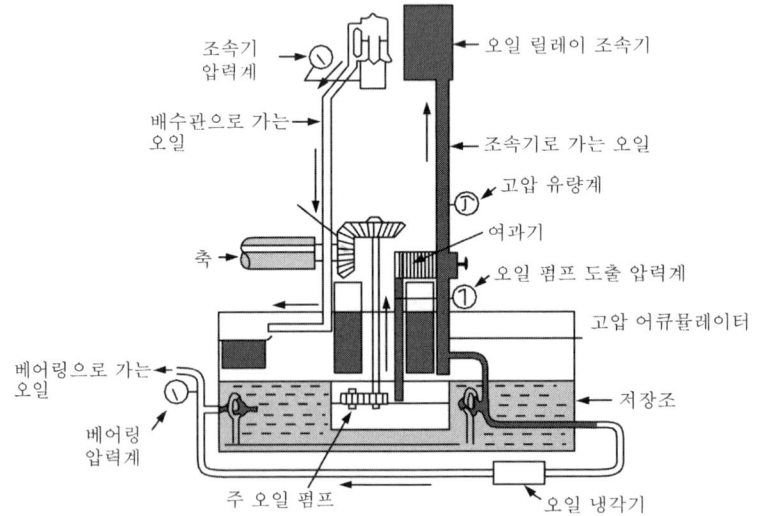

오일계에서는 몇 개의 압력_____가 오일의 압력을 나타내고 있다.

답 **138.** 유압식 **139.** 도출구 **140.** 계

141 주 오일 펌프에서 계기는 오일 펌프의 토출 압력을 측정한다. 이때에 오일은 _____를 거쳐 지나간다.

142 또 다른 계기가 여과기의 반대쪽에 설치되어 있다. 만약 이 계기가 명확하게 낮은 오일 압력을 나타내면 _____가 먼지나 오일 유화액으로 막히고 있다는 것을 말해 주고 있다.

143 계기는 조속기의 오일 압력과 베어링의 오일 압력도 나타낸다. 베어링으로 가는 오일의 압력은 조속기 오일계의 오일 압력보다 (적어야/많아야)한다.

144 베어링에는 가끔 베어링 온도를 나타내는 _____가 설치되어 있다.

145 대형 터빈은 일반적으로 윤활유 압력이 (높을 때/낮을 때) 울리는 경보기 및 자동 조업 중지 장치를 장비하고 있다.

(15) 시동 전의 육안에 의한 점검
(Visual Inspection Before Start-up)

146 터빈을 시동하기 전에 조업원은 터빈의 외부를 주의 깊게 관찰해야 한다. 조속기 연결 장치는 마찰을 일으키지 않도록 적절하게 _____시켜 그 부품을 조립해야 한다.

147 연결 장치는 헐겁게 조립되어서는 _____ .

답 **141.** 여과기 **142.** 여과기 **143.** 적어야 **144.** 온도계 **145.** 낮을 때 **146.** 윤활
147. 안 된다

148 보조 배관 및 계기는 제자리에 배열되어야 하며, 계기는 한번 그 _____을 검사해 보아야 한다.

149 플랜지 볼팅은 제자리에 (헐겁게/단단히) 조립되어야 한다.

150 어떠한 _____도 오일계로부터 새어 나오지 않도록 한다.

151 윤활유는 샤프트 커플링으로부터 _____되어서는 안 된다.

답 148. 기능 149. 단단히 150. 오일 151. 누출

2. 복습 및 요약(Review and Summary)

152 터빈의 시동 중 (흡입/배기) 밸브는 제일 먼저 열어야만 한다.
조업 중지 때에는 흡입 밸브를 가장 먼저 닫아야 한다.

153 (소형 단단식/대형 다단식) 터빈은 축을 휘게 할 가능성이 더욱 크다.

154 시동시에 터빈의 속도를 너무 빨리 올리면 이미 ___①___ 축을 더 많이 ___②___ 한다.

155 (진동수/진폭)은 휘어진 축에서는 과도하게 일어난다.

156 임계 속도에서
1. 축은 그 ___①___ 진동수의 속도로써 회전한다.
2. ___②___ 은 과도하게 된다.

157 축이 휘면 터빈은 임계 속도까지 올라갈 수 (없다/있다).

158 (① 경질/연질)축을 가진 터빈은 정격 조업 속도에 이르기 위해서는 임계 속도를 지나야만 한다.
(② 경질/연질) 축은 보통 소형 단단식 터빈에서 사용된다.

159 스팀 트랩은 (자동적으로/수동적으로) 배수구(Drain)로부터 응축수를 제거시킬 수 있다.

---

152. 배기 153. 대형 다단식 154. ① 휜 ② 휘게 155. 진폭 156. ① 고유 ② 진폭
157. 없다 158. ① 연질 ② 경질 159. 자동적

160 아래의 그림을 보아라.

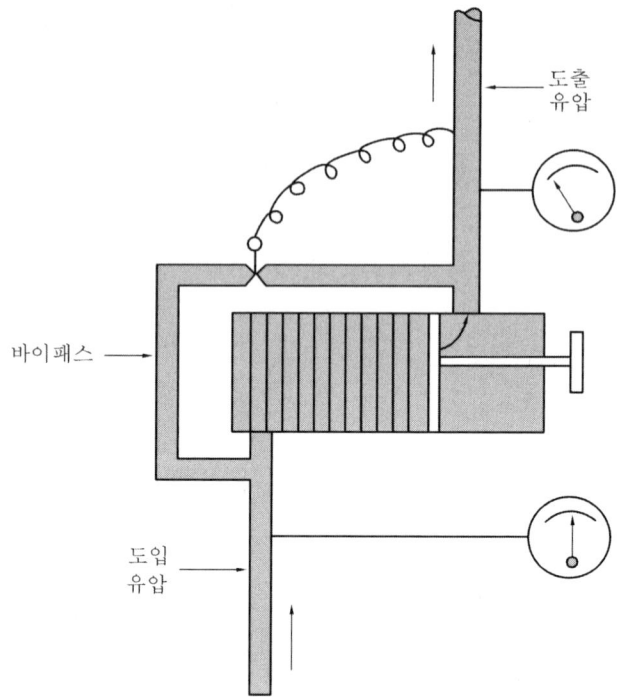

위의 그림에 있어서 오일 여과기는 막혀 (있다/있지 않다).

160. 있지 않다

중화학공업기술교재 [7]

압축기, 스팀 터빈

1판 1쇄 발행	1979. 10. 30.
2판 2쇄 발행	1995. 5. 20.
2판 3쇄 발행	2000. 1. 20.
2판 4쇄 발행	2005. 6. 10.
2판 5쇄 발행	2007. 1. 10.
2판 6쇄 발행	2012. 1. 1.
3판 1쇄 개정판 발행	2016. 4. 20.
3판 2쇄 발행	2017. 2. 10.
4판 1쇄 발행	2023. 4. 10.

엮은이 : 산업훈련기술교재편찬회
펴낸이 : 박　　용
펴낸곳 : 도서출판 세화
주　소 : 경기도 파주시 회동길 325-22
영업부 : (031)955-9331~2
편집부 : (031)955-9333
F A X : (031)955-9334
등　록 : 1978. 12. 26 (제 1-338호)

※ 파손된 책은 교환하여 드립니다.
　ISBN 978-89-317-1204-9　13570

정가 **15,000**원